高等职业教育建筑设计类专业系列教材

住宅室内设计

（活页式实训教材）

主　编　胡煜超　杜异卉
副主编　张子竞　彭丽莉
参　编　叶颖娟　尹子祥　王彦苏　郝晓嫣

机械工业出版社
CHINA MACHINE PRESS

本书主要针对室内设计师或助理室内设计师的“家装设计”岗位任务，通过“项目导入”的方式模拟工作情境，以岗位工作流程的顺序为脉络展开教学，让学生在专项练习和综合实训中逐步具备完成居住空间室内设计工作的能力。

为方便教学，本书配有实训图纸等，凡使用本书作为教材的教师可登录机工教育服务网 www.cmpedu.com 注册下载。咨询电话：010-88379375。

本书适用于建筑室内设计、室内艺术设计、建筑设计等专业的学生使用，也可作为专业设计人员提高专业水平的参考书。

图书在版编目（CIP）数据

住宅室内设计：活页式实训教材 / 胡煜超，杜异卉主编. — 北京：机械工业出版社，2022. 10（2024. 2重印）
高等职业教育建筑设计类专业系列教材
ISBN 978-7-111-71705-8

Ⅰ. ①住…　Ⅱ. ①胡…②杜…　Ⅲ. ①住宅 – 室内装饰设计 – 高等职业教育 – 教材　Ⅳ. ①TU241

中国版本图书馆CIP数据核字（2022）第181781号

机械工业出版社（北京市百万庄大街22号　邮政编码100037）
策划编辑：常金锋　　　　责任编辑：常金锋　高凤春
责任校对：闫玥红　贾立萍　　封面设计：马若濛
责任印制：郜　敏
中煤（北京）印务有限公司印刷
2024 年 2 月第 1 版第 2 次印刷
370mm × 260mm · 12 印张 · 150 千字
标准书号：ISBN 978-7-111-71705-8
定价：42.00 元

电话服务　　　　　　　网络服务
客服电话：010-88361066　机　工　官　网：www.cmpbook.com
　　　　　010-88379833　机　工　官　博：weibo.com/cmp1952
　　　　　010-68326294　金　　书　　网：www.golden-book.com
封底无防伪标均为盗版　机工教育服务网：www.cmpedu.com

前　言

住宅室内设计是一项综合的系统工程。作为建筑室内设计专业和环境艺术设计专业的一门必修课程，住宅室内设计对于培养学生的方案设计能力起着至关重要的作用。现代教学提倡以项目为导向，突出“实用、够用、会用”。近年来关于住宅室内设计的教材层出不穷，但多侧重于理论方面的讲解，而鲜少于系统性的实践指导，这不得不说是一种遗憾。

通过多年的教学实践和经验积累，我们深切体会到只有“做中学”才会收到令人满意的教学效果。于是我们尝试开发了这套贯穿住宅室内设计全部工作流程的活页练习册。

本书在编写过程中坚决贯彻二十大精神，以学生的全面发展为培养目标，融“知识学习、技能提升、素质教育”于一体，严格落实立德树人根本任务，紧密联系行业对专业设计人才的需求，根据实际工作流程组织内容，通过大数据分析，量化整理出初学者在学习过程中的常见问题和重难点，并安排模块化的专题任务实训辅以完成教学实践。本书具有以下几个特点：

1. 校企“双元”合作教材：本书为校企“双元”合作编写的教材，书中针对住宅室内设计师岗位需求，结合“1+X”技能考试，拟定专项训练内容。将住宅室内设计 6 大工作流程，即前期咨询、分析定位、空间优化、功能设计、环境设计、设计表达等，进行了系统的编排，无缝对接岗位，实践性强。

2. 简单易上手，定位初级：本书定位明确，是针对初学者的方案设计练习手册。因此，在专题的设计上有循序渐进的安排，让学生从“依葫芦画瓢”开始，逐步过渡到独立创作方案。模拟学徒制工作学习过程，让学生在“做”中遇到问题，通过学习解决问题，再次练习巩固技能，协助教师完成“做、学、练、评”的教学闭环。

3. 结合线上资源，实现多维学习：本书摒弃传统课本表达方式，结合网络教学需求，开发了配套的线上教学资源。学生在做专项训练时可以通过扫描对应的二维码，获得关于该部分的线上视频重难点讲解和相关实训指导，让学生达到快速学习的目的。

4. 程式教学，效果速成：本书旨在培养学生逻辑化的方案设计思维方式，帮助学生掌握规范的制图方法，使初学者通过完成本书的训练，达到初级室内设计师应该具备的方案设计能力和制图水平。

本书在出版前，已进行了三轮的教学运作实践，在实践反馈中，我们不断对本书进行优化和改进。尽管已经做出大量的努力，但由于编者水平有限，书中难免存在疏漏和错误，敬请大家提出宝贵意见，以便今后的修订和完善。

编　者

教材使用说明

一、内容组织

本书的构架主要是基于项目导向式教学理念，引入装饰企业真实项目，按照室内设计程序，将住宅室内设计实训分解为若干个典型工作任务。每个工作任务对应了相应的专项练习，学生可先在教师的指导下完成专项练习，待掌握了该环节所需知识技能后，再较为独立地完成综合实训。

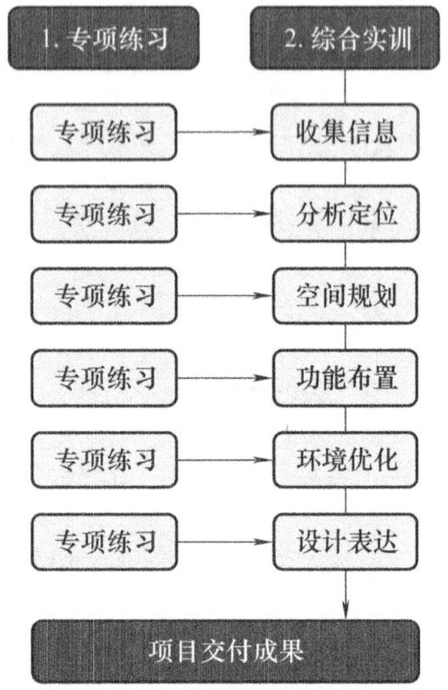

二、活页架构

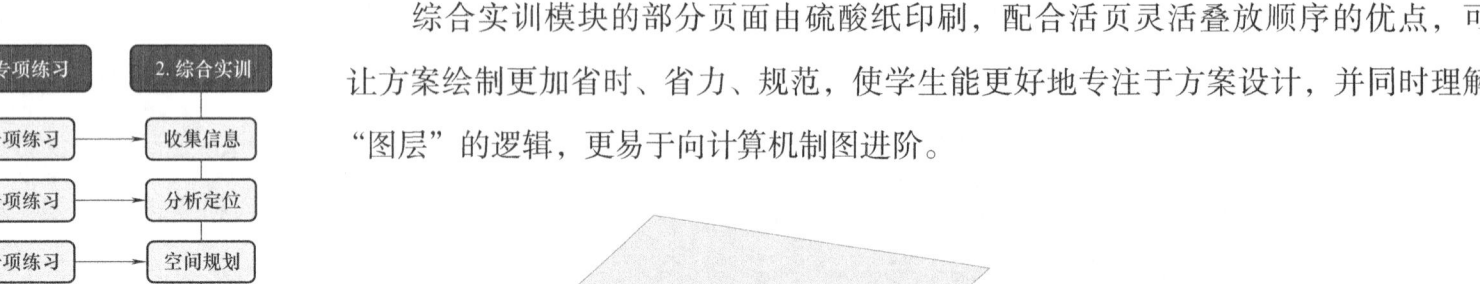

为方便练习的使用和提交，本书采用活页装订的方式，每页配有任务要求和相应帮助，方便学生比对和自查。

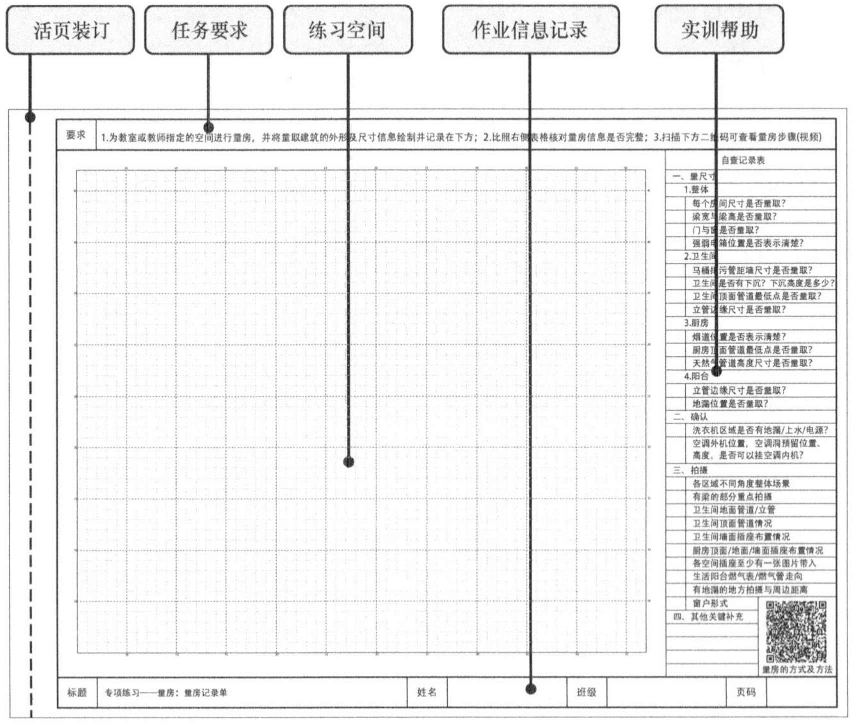

综合实训模块的部分页面由硫酸纸印刷，配合活页灵活叠放顺序的优点，可让方案绘制更加省时、省力、规范，使学生能更好地专注于方案设计，并同时理解“图层”的逻辑，更易于向计算机制图进阶。

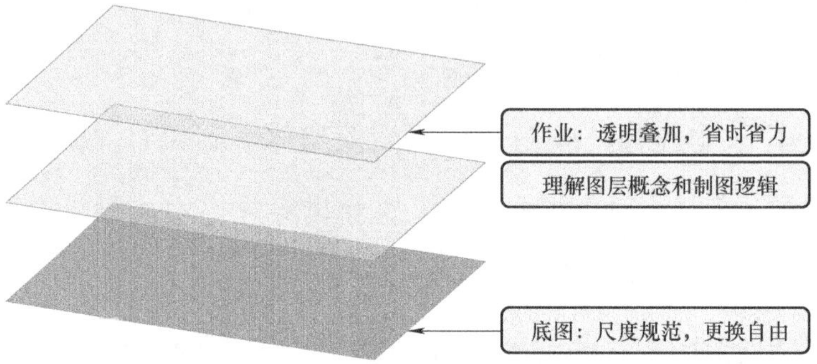

三、课程资源

本书是超星学银在线“住宅室内设计”课程的配套教材，读者可扫描二维码加入课程，获取更多理论讲授和实践指导。

线上课程二维码

目　录

要求	熟悉练习册内容及安排，每次完成作业后，在“完成度”栏目做好登记

页码	内容	完成度	页码	内容	完成度
02	参照页——住宅户型图解	—	24	专项练习——空间界面设计：天花	
03	参照页——平面布置图、天花布置图、地面铺装图	—	25	专项练习——空间界面设计：地面	
04	参照页——开关连线图、插座布置图、给水排水定位图	—	26	专项练习——制图：天花布置图与地面铺装图	
05	任务页——实训项目任务书	—	27	专项练习——制图：剖立面图步骤分解	
06	专项练习——量房：量房记录单		28	专项练习——制图：剖立面图	
07	专项练习——谈单：客户沟通记录表		29	综合实训——方案：量房记录单	
08	专项练习——平面布局优化：三居室		30	综合实训——方案：客户沟通记录表	
09	专项练习——平面布局优化：跃层住宅		31	综合实训——方案：分析定位构思记录	
10	专项练习——平面布局优化：起居室		32	综合实训——方案：空间规划草图	
11	专项练习——平面布局优化：餐厅与厨房		33	综合实训——方案：手绘空间效果图	
12	专项练习——平面布局优化：卫生间		34	综合实训——图纸：原始结构图	
13	专项练习——平面布局优化：卧室		35	综合实训——图纸：平面布置图	
14	专项练习——平面布局优化：其他空间		36	综合实训——图纸：墙体定位图	
15	专项练习——功能与尺度：玄关		37	综合实训——图纸：天花布置图	
16	专项练习——功能与尺度：玄关柜		38	综合实训——图纸：地面铺装图	
17	专项练习——功能与尺度：衣柜		39	综合实训——图纸：开关连线图	
18	专项练习——空间界面设计：起居室		40	综合实训——图纸：插座布置图	
19	专项练习——空间界面设计：餐厅与厨房		41	综合实训——图纸：给水排水定位图	
20	专项练习——空间界面设计：卫生间		42	综合实训——图纸：起居室立面图	
21	专项练习——空间界面设计：卧室		43	综合实训——图纸：卧室立面图	
22	专项练习——空间界面设计：起居室墙面		44	综合实训——底图 01	—
23	专项练习——空间界面设计：卧室墙面		45	综合实训——底图 02	—

标题	完成度登记表	姓名		班级		页码	*01*

要求	了解住宅的主要空间、家具的常规布局方式及其尺寸大小（地面单元格间距为 500mm × 500mm）。认识“设计改变生活”，思考设计可如何提高人民生活品质

儿童房（3100×2300）

功能：休息、学习、娱乐等
01 床Bed（1000×2000）
02 衣柜Wardrobe（1000×600）
03 书柜Book Cabinet（2000×300）
04 书桌Desk（1000×600）
05 椅子Chair（630×630）

老人房（3100×2800）

功能：休息、休闲、阅读等
01 床Bed（1500×2000）
02 衣柜Wardrobe（1500×600）
03 床头柜Night Table（500×500）
04 电视50英寸TV 50in（1120×700）

生活阳台（1700×1600）

功能：洗衣、收纳、晾晒等
01 洗衣机Washing Machine（600×600）
02 收纳柜Storage Cabinet（1000×600）

卫生间（3000×1800）

功能：沐浴、洗手、如厕等
01 洗手盆Wash Basin（1200×600）
02 马桶Toilet（740×500）
03 淋浴间Shower Room（900×1450）

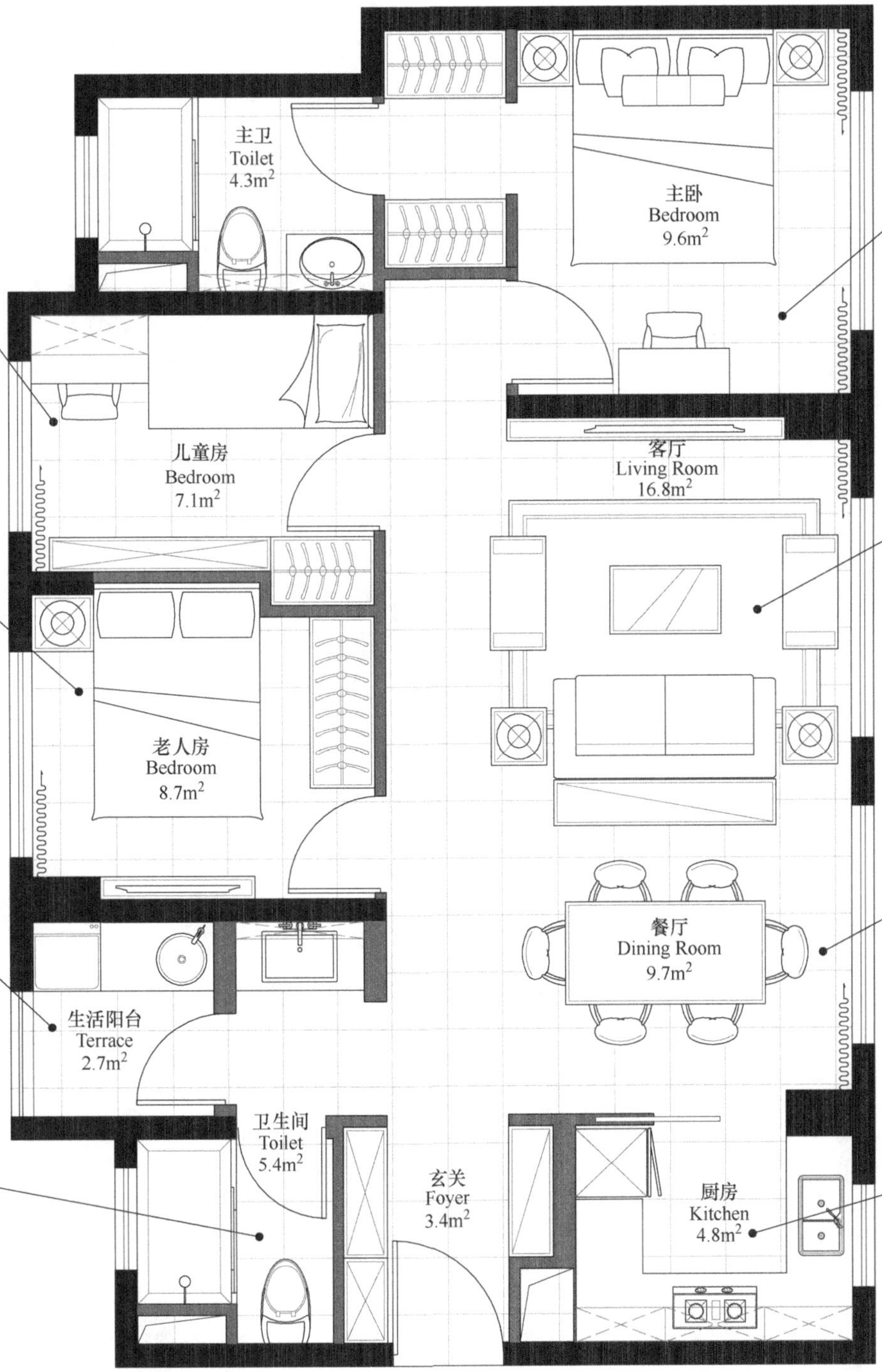

主卧（3000×3200）、主卫（2500×1700）

功能：休息、工作、阅读、休闲、更衣等
01 床Bed（1800×2000）
02 推拉门衣柜Sliding Door Wardrobe（2200×600）
03 书桌/梳妆台Desk/Dressing Table（1000×400）
04 椅子Chair（630×630）
05 洗手盆Wash Basin（800×500）
06 马桶Toilet（740×500）
07 淋浴间Shower Room（900×1350）

客厅（4200×4000）

功能：接待、家庭室、休闲、娱乐等
01 三人沙发Three-seat Sofa（2000×900）
02 二人沙发Two-seat Sofa（1500×900）
03 单人沙发Single Sofa（900×900）
04 茶几Coffee Table（1000×600）
05 电视柜TV Cabinet（200×2500）
06 边柜Side Cabinet（500×500）
07 电视65英寸TV 65in（1440×840）

餐厅（4200×2300）

功能：就餐、接待、社交等
01 餐桌Dining Table（900×1800）
02 餐椅Dining Chair（500×550）
03 餐边柜Sideboard（2000×400）

厨房（2500×1900）

功能：备餐、储物等
01 橱柜Cabinet（3400×600）
02 吊柜Wall Cabinet（2500×300）
03 水槽Sink（700×400）
04 灶具Cooker（760×400）
05 冰箱Refrigerator（600×640）
06 洗碗机Dishwasher（570×600）

标题	参照页——住宅户型图解	姓名		班级		页码	02

要求	综合实训中制图部分可参照此页深度。制图中注意遵循相关法律法规

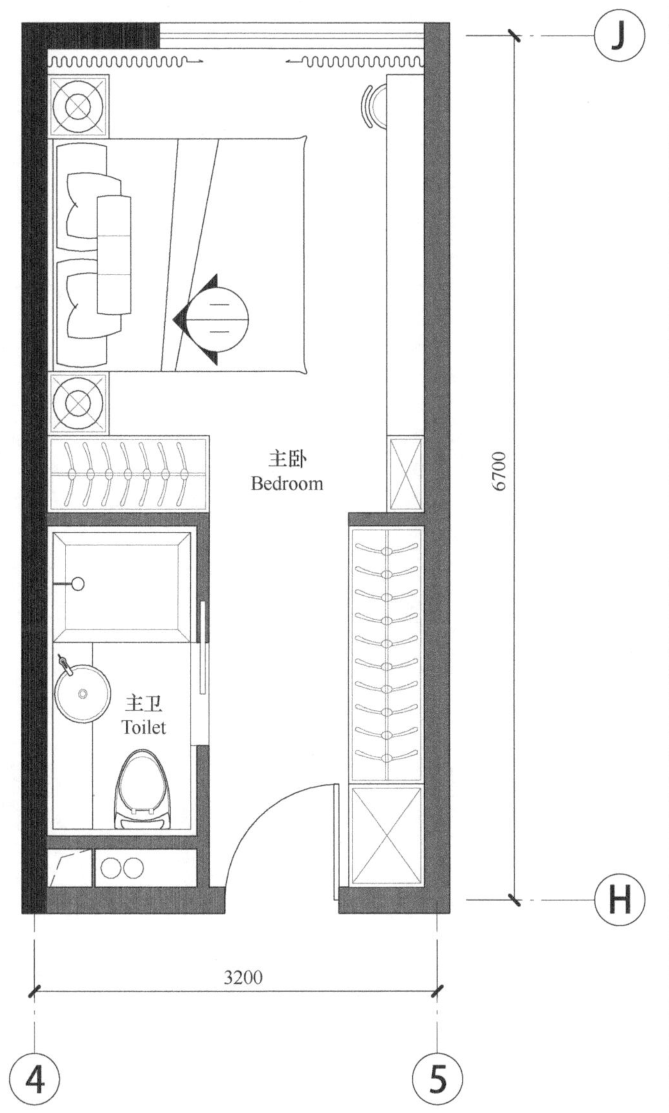

平面布置图 1∶50

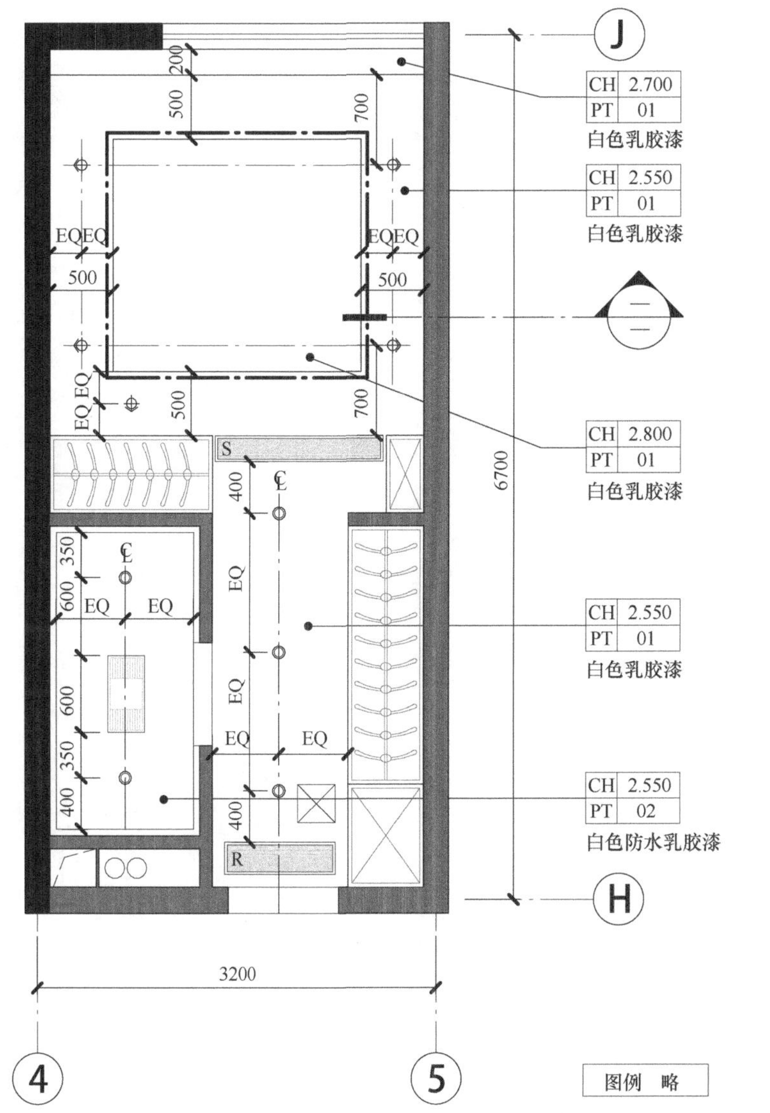

天花布置图 1∶50

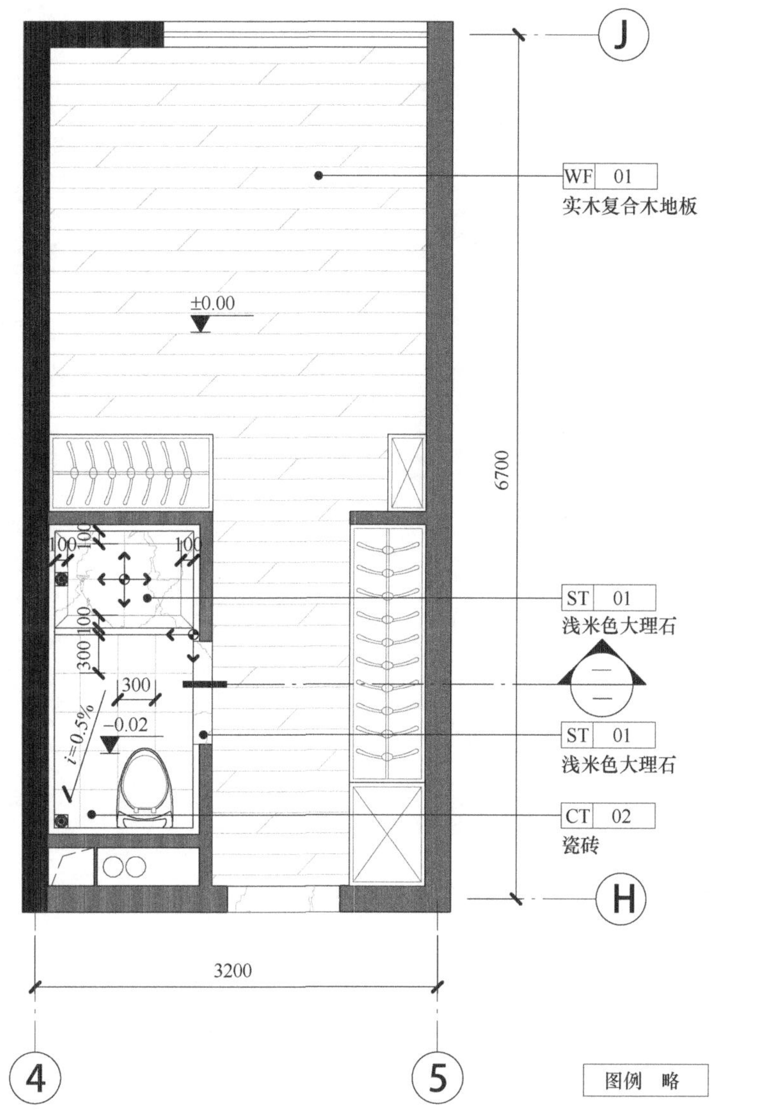

地面铺装图 1∶50

图纸描述		平面布置图是整套图纸的基础，是描述空间划分、家具布置等内容的图纸
图纸内容	图形	建筑部分：墙、柱、门、窗、楼梯等 装饰部分：装饰完成面、固定家具、活动家具、配景等
	标注	图名、比例、轴网（含尺寸）、空间名称、索引符号（立面、门）等

图纸描述		天花布置图是描述室内空间顶部造型、标高、灯具、材质的平面图
图纸内容	图形	建筑部分：墙、柱、门（不含开启门扇）、窗等 装饰部分：天花造型、窗帘盒、天花灯具、风口设备、到顶固定家具等
	标注	图名、比例、轴网（含尺寸）、图例、天花标高与材质、天花尺寸、灯具位置、天花节点索引等

图纸描述		地面铺装图是描述地面高低、材质、铺贴的平面图
图纸内容	图形	建筑部分：墙、柱、门（不含开启门扇）、窗、楼梯等 装饰部分：地坪造型、地坪材质填充与分隔、落地固定家具、地漏等
	标注	图名、比例、轴网（尺寸）、图例、地坪材料、地坪标高、铺贴尺寸、起铺点、找坡、地面节点索引等

标题	参照页——平面布置图、天花布置图、地面铺装图	姓名		班级		页码	***03***

要求	综合实训中制图部分可参照此页深度。更多参照可扫描右下方二维码获取

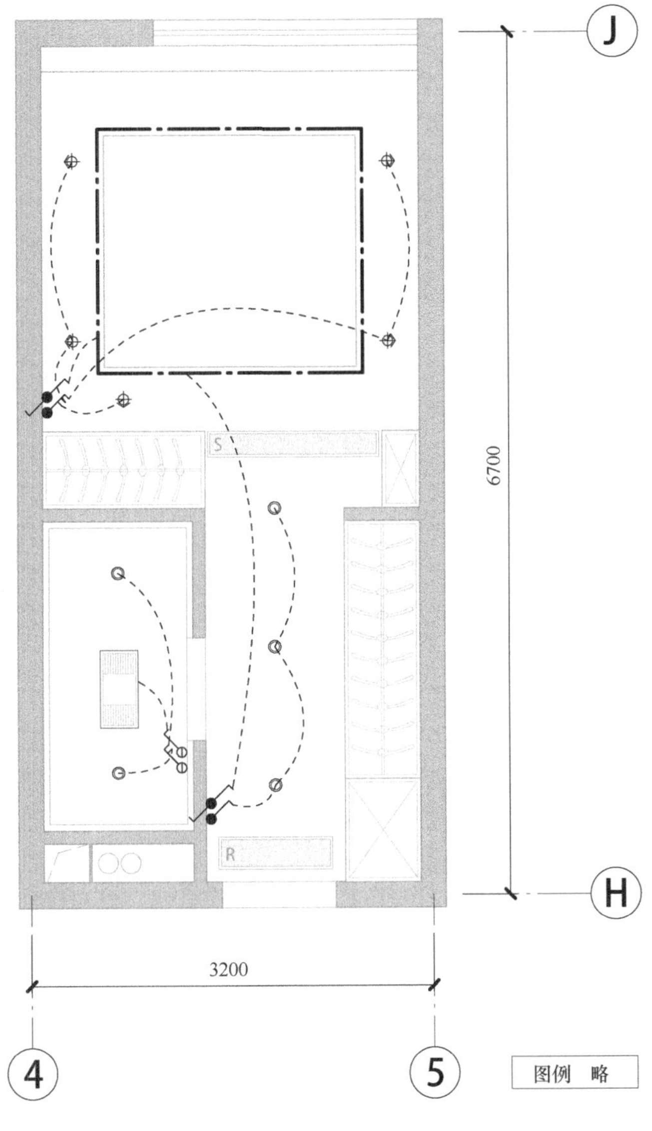

开关连线图 1：50

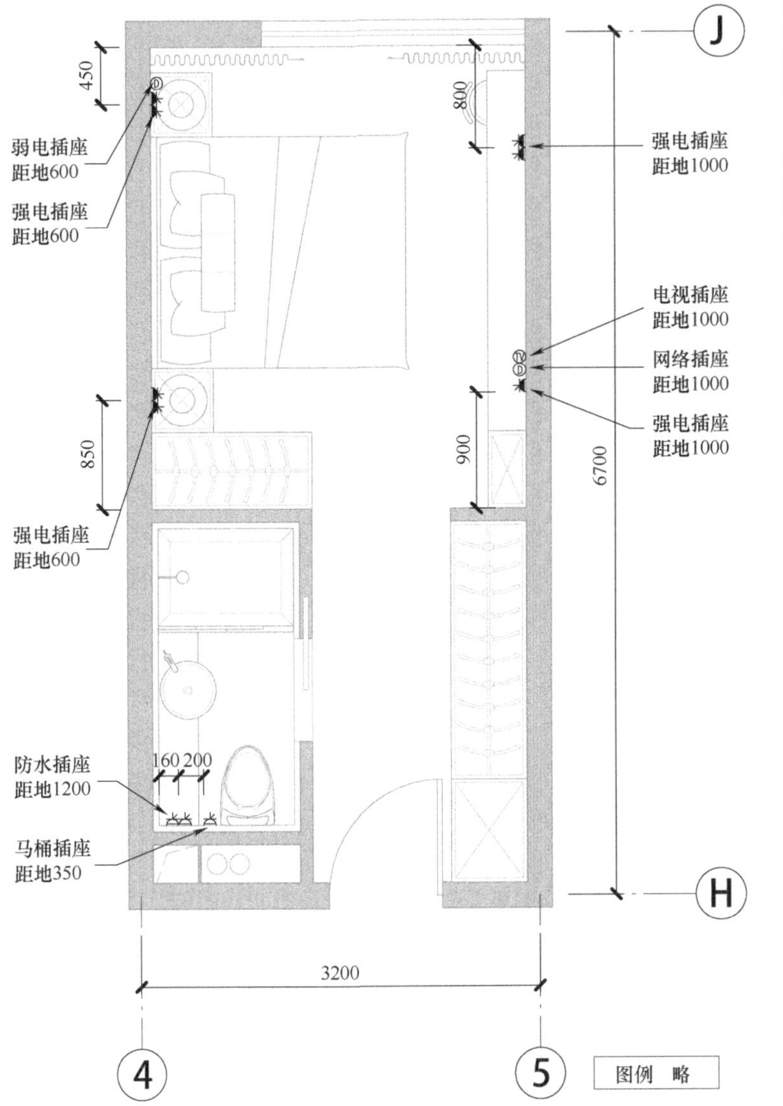

插座布置图 1：50

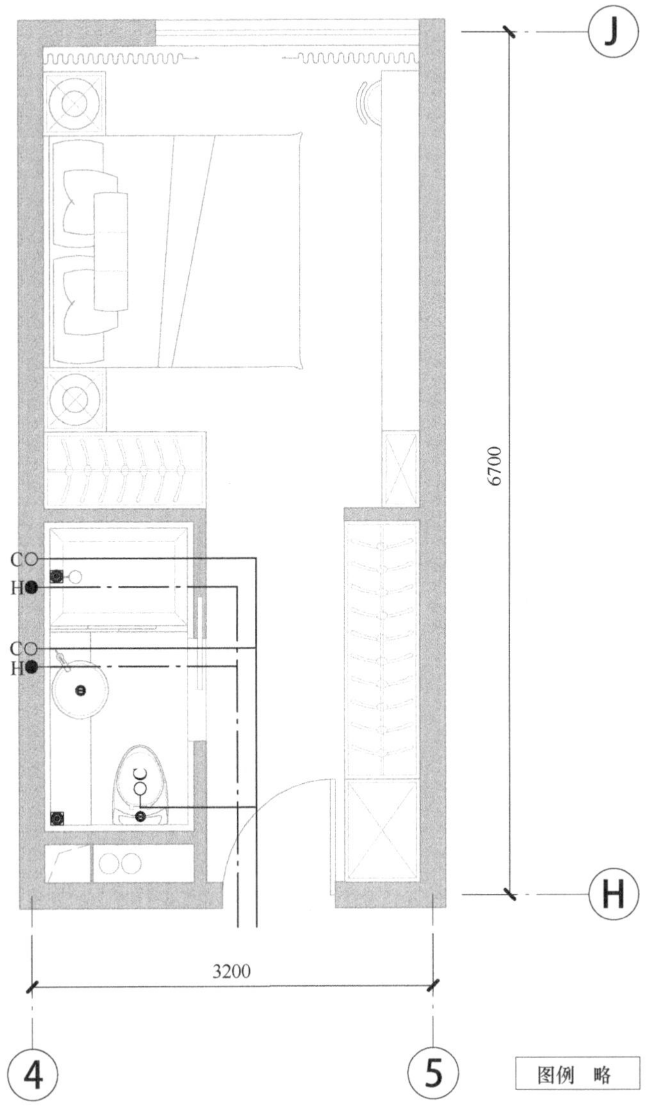

给水排水定位图 1：50

图纸描述	开关连线图是表达灯具回路及回路次数的平面图	
图纸内容	图形	底图：天花布置图 设备：开关、灯具、连线等
	标注	图名、比例、轴网（含尺寸）、图例、安装定位等

图纸描述	插座布置图是描述空间强、弱电设备末端位置的平面图	
图纸内容	图形	底图：平面布置图 设备：强电末端、弱电末端
	标注	图名、比例、轴网（含尺寸）、图例、安装定位等

图纸描述	给水排水定位图是描述冷、热水末端位置及连接方式的平面图	
图纸内容	图形	底图：平面布置图 设备：冷水上水、热水上水、下水、地漏、冷热水管、热水器
	标注	图名、比例、轴网（尺寸）、图例等

标题	参照页——开关连线图、插座布置图、给水排水定位图	姓名		班级		页码	04

要求	了解实训项目的任务与安排。在完成项目的过程中注意节能低碳和绿色生活方式在住宅中的实现

《住宅室内设计》课程实训项目 1
任 务 书

1. 项目平面概况（量房或由教师指定底图）

2. 项目背景

拟定本住宅位于重庆大学城某楼盘内，业主具体情况由教师在课堂设定，并由学生自主选择。业主购房自住，现准备进行室内设计。

3. 设计要求

1）在满足常规居住需求下，尽量满足户主个性化需求。

2）结构与承重部分、烟道、下水位置不可拆动；隔墙可根据需要重新处理。

4. 设计成果要求

课程模块		综合实训作业	专项练习
设计过程存档	收集信息	量房记录单	量房 ×1
		客户沟通记录表	谈单 ×1
	分析定位	分析定位构思记录	
	空间规划	空间规划草图	平面布局优化 ×2
	功能布置		平面布局优化（各空间）×5 功能与尺度练习 ×3
	环境优化	效果图（手绘或计算机效果图）	界面设计（各空间）×4 墙面 ×2、天花 ×1、地面 ×1
方案图纸深化	设计表达	图纸封面、目录、设计说明	制图 ×3
		原始结构图、平面布置图 墙体定位图、天花布置图 地面铺装图、立面索引图	
		开关连线图、插座布置图、给水排水定位图	
		客厅立面图 ×4、卧室立面图 ×4	

5. 注意事项

项目 1 主要以手绘为主，除效果图可以用 SketchUp 或酷家乐完成外，其余应在活页手册上完成，并及时根据批改意见进行修改。

《住宅室内设计》课程实训项目 2
任 务 书

1. 项目平面概况（量房或由教师指定底图）

2. 项目背景

项目的所在位置与业主具体情况由教师在课堂上设定，并由学生自主选择。业主已经接房，现准备进行室内设计。

3. 设计要求

1）在满足常规居住需求下，尽量满足户主个性化需求。

2）结构与承重部分、烟道、下水位置不可拆动；隔墙可根据需要重新处理。

4. 设计成果要求

方案图册装订（A3 大小）	方案（彩色打印）	封面目录	
		项目分析	建筑介绍
			客户分析
		设计思路	灵感来源、意向图片、材料意向、色彩意向
		方案展示	平面布置图
			功能分区图、动线分析图等
			鸟瞰图（或轴测图）
			效果图（每空间各 1 张以上）
	图纸（黑白打印）	图纸目录	图纸封面、目录、设计说明
		平面图	原始结构图、平面布置图 墙体定位图、天花布置图 地面铺装图、立面索引图
		水电设备图	开关连线图、插座布置图、给水排水定位图
		立面图	客厅立面图 ×2、卧室立面图 ×2

5. 注意事项

项目 2 主要以计算机辅助设计为主，要求用 SketchUp 或酷家乐创建方案模型、渲染效果图，用 CAD 绘制施工图，打印后上交。

要求	1. 为教室或教师指定的空间进行量房，并将量取建筑的外形及尺寸信息绘制并记录在下方；2. 比照右侧表格核对量房信息是否完整；3. 扫描下方二维码可查看量房步骤（视频）

自查记录表
一、量尺寸
1. 整体
每个房间尺寸是否量取？
梁宽与梁高是否量取？
门与窗是否量取？
强弱电箱位置是否表示清楚？
2. 卫生间
马桶排污管距墙尺寸是否量取？
卫生间是否有下沉？下沉高度是多少？
卫生间顶面管道最低点是否量取？
立管边缘尺寸是否量取？
3. 厨房
烟道位置是否表示清楚？
厨房顶面管道最低点是否量取？
天然气管道高度尺寸是否量取？
4. 阳台
立管边缘尺寸是否量取？
地漏位置是否量取？
二、确认
洗衣机区域是否有地漏 / 上水 / 电源？
空调外机位置，空调洞预留位置、高度。是否可以挂空调内机？
三、拍摄
各区域不同角度整体场景
有梁的部分重点拍摄
卫生间地面管道 / 立管
卫生间顶面管道情况
卫生间墙面插座布置情况
厨房顶面 / 地面 / 墙面插座布置情况
各空间插座至少有一张图片带入
生活阳台燃气表 / 燃气管走向
有地漏的地方拍摄与周边距离
窗户形式
四、其他关键补充

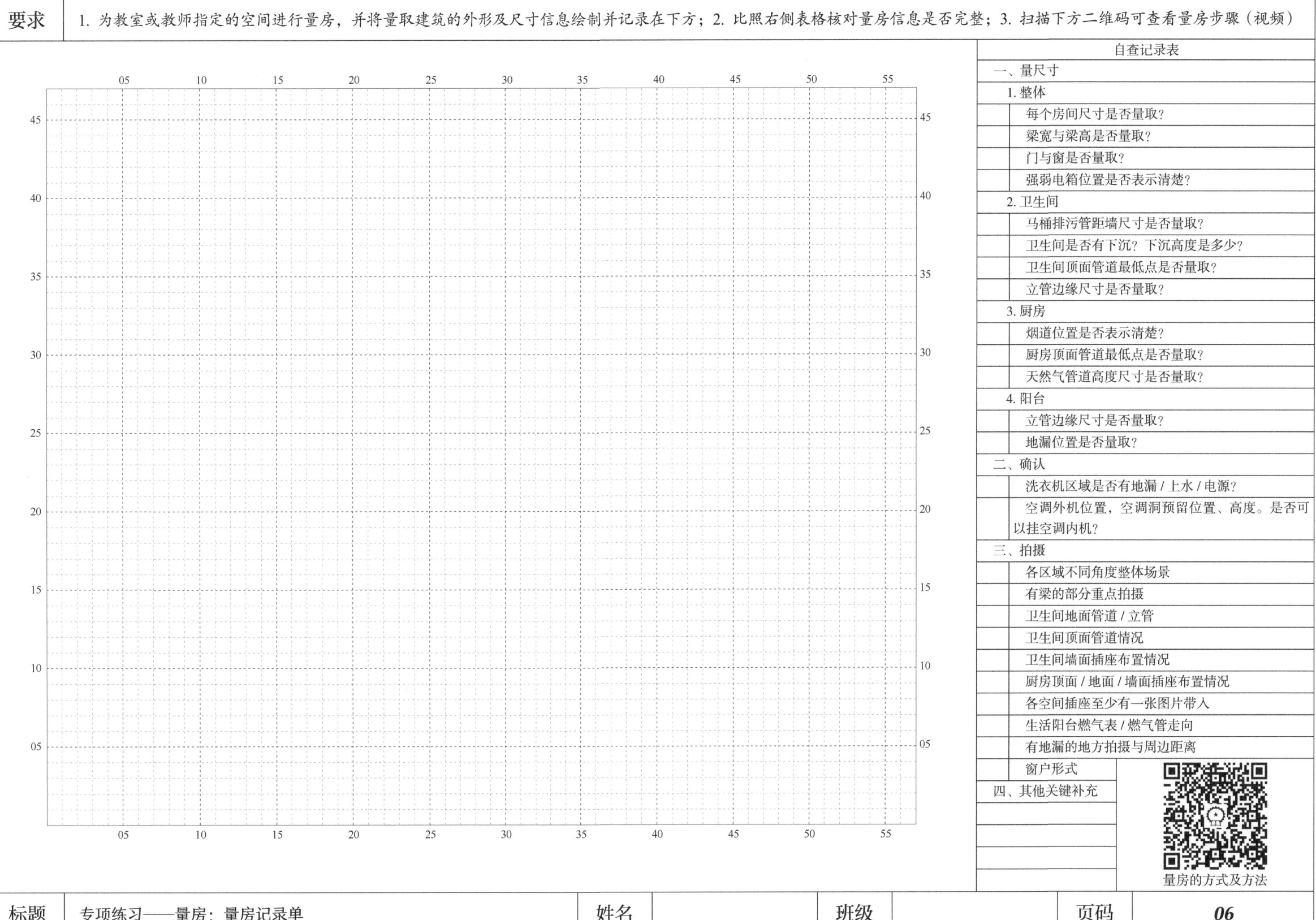

量房的方式及方法

标题	专项练习——量房：量房记录单	姓名		班级		页码	**06**

要求	扫描右下方二维码，观看视频，从设计师与业主的交谈中获取信息，填写下表

业主信息	姓名：	小区与房号：
联系方式		交房日期：
需求沟通		
问题	当初购房需求是什么？哪些地方不太满意？哪些地方很满意？	
满意		
不满意		
家庭成员	1. 性别： 年龄： 职业： 爱好： 2. 性别： 年龄： 职业： 爱好： 3. 是否有（要）小孩？性别： 年龄： 爱好： 4. 老人是否常住？常住 / 偶尔 5. 是否喂养宠物？品种： 要求： 6. 其他补充：	
基础功能	1. 玄关 2. 客厅 3. 餐厅 4. 厨房 5. 卫生间 6. 儿童房（书房 + 次卧） 7. 书房 8. 多功能房 9. 老人房 10. 主卧 11. 主卫 12. 衣帽间 13. 其他补充：	
设备与智能	1. 有无考虑中央空调、风管机、新风系统、智能设备、地暖？ 2. 其他补充设备：	
家庭社交需求		
如厕方式		
洗浴方式		
烹饪习惯		
就餐习惯		
工作领域对空间的要求		

兴趣与收集计划		
颜色与材质	有无特别喜欢或者讨厌的颜色和材质？	
装修预算		
家具品牌	有无喜欢的家具品牌？	
风格偏好	1. 北欧 2. 轻奢 3. 简欧 4. 中式 5. 日式 6. 美式 7. 现代 8. 其他________	
必要需求 ——不能妥协	例：卫生间一定要有超大储物镜柜	
次要需求 ——可适当妥协	例：最好有独立的餐厅，如果没有，可以接受在茶几上用餐	
其他需求 ——锦上添花	例：落地窗要放一个懒人沙发，用来发呆、看风景等	
预约量房时间		
其他记录	设计师与业主沟通 1	设计师与业主沟通 2

标题	专项练习——谈单：客户沟通记录表	姓名		班级		页码	07

要求	对下列户型进行优化改造（单元格间距为500mm×500mm，黑色部分不能修改，灰色部分可以修改）。业主情况：夫妻二人与一子一女居住，有三胎打算；希望提高家务效率

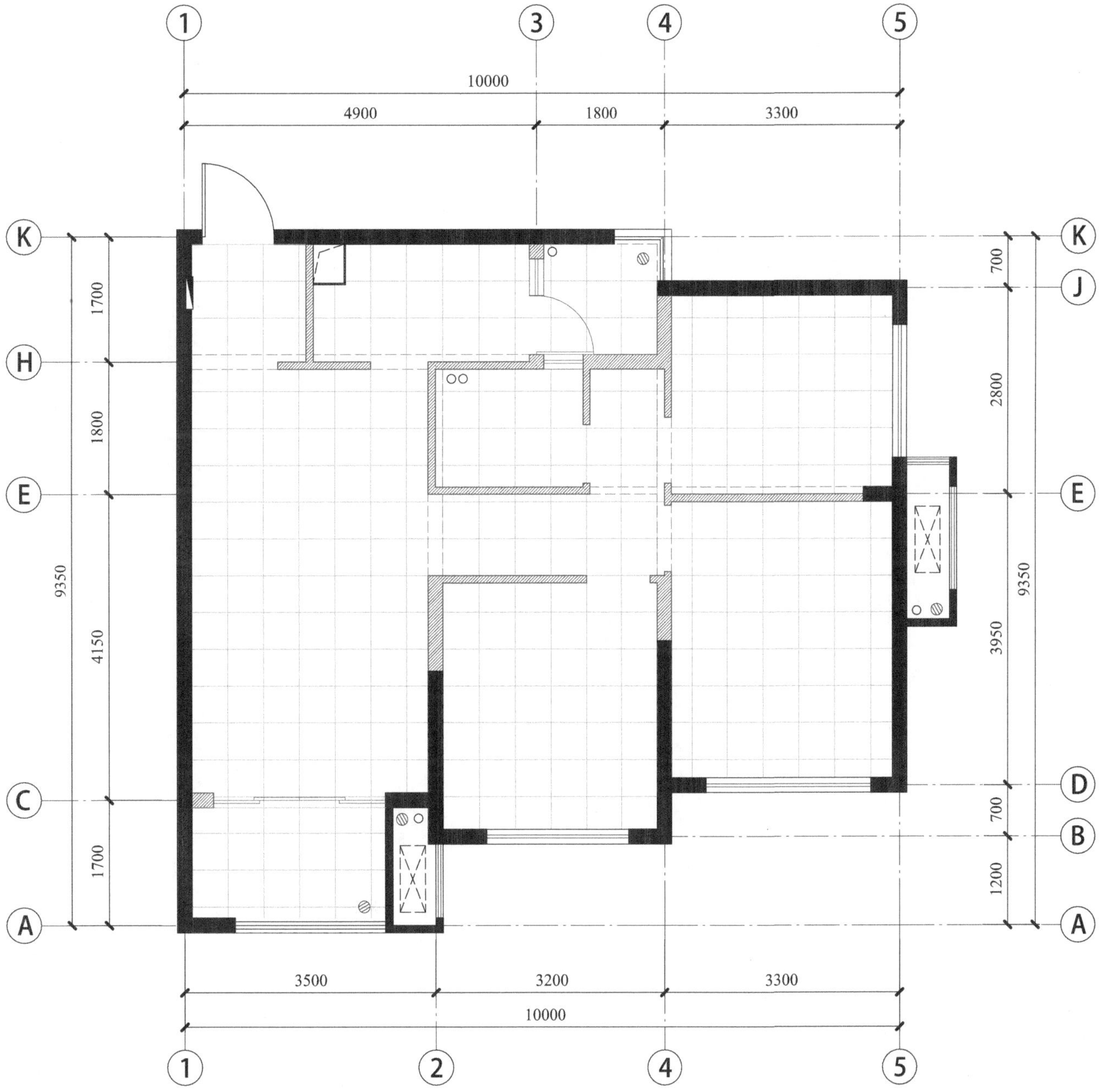

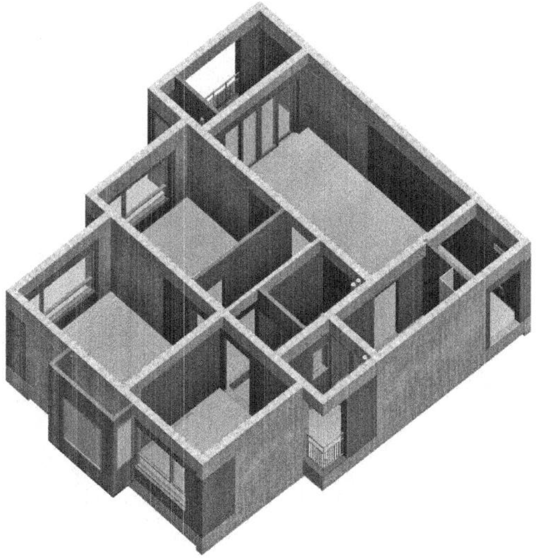

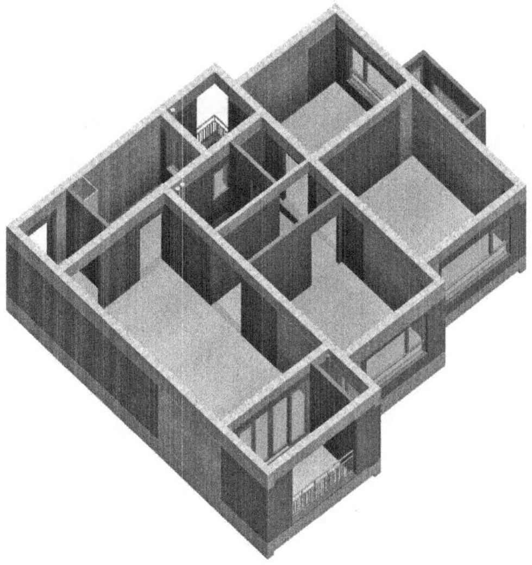

标题	专项练习——平面布局优化：三居室	姓名		班级		页码	08

要求	1. 为下方跃层住宅规划楼梯和房间（单元格间距为 500mm×500mm，室内净高 5600mm），业主情况自拟；2. 要求在平面图中表达和标明楼梯的造型尺寸和房间的布局

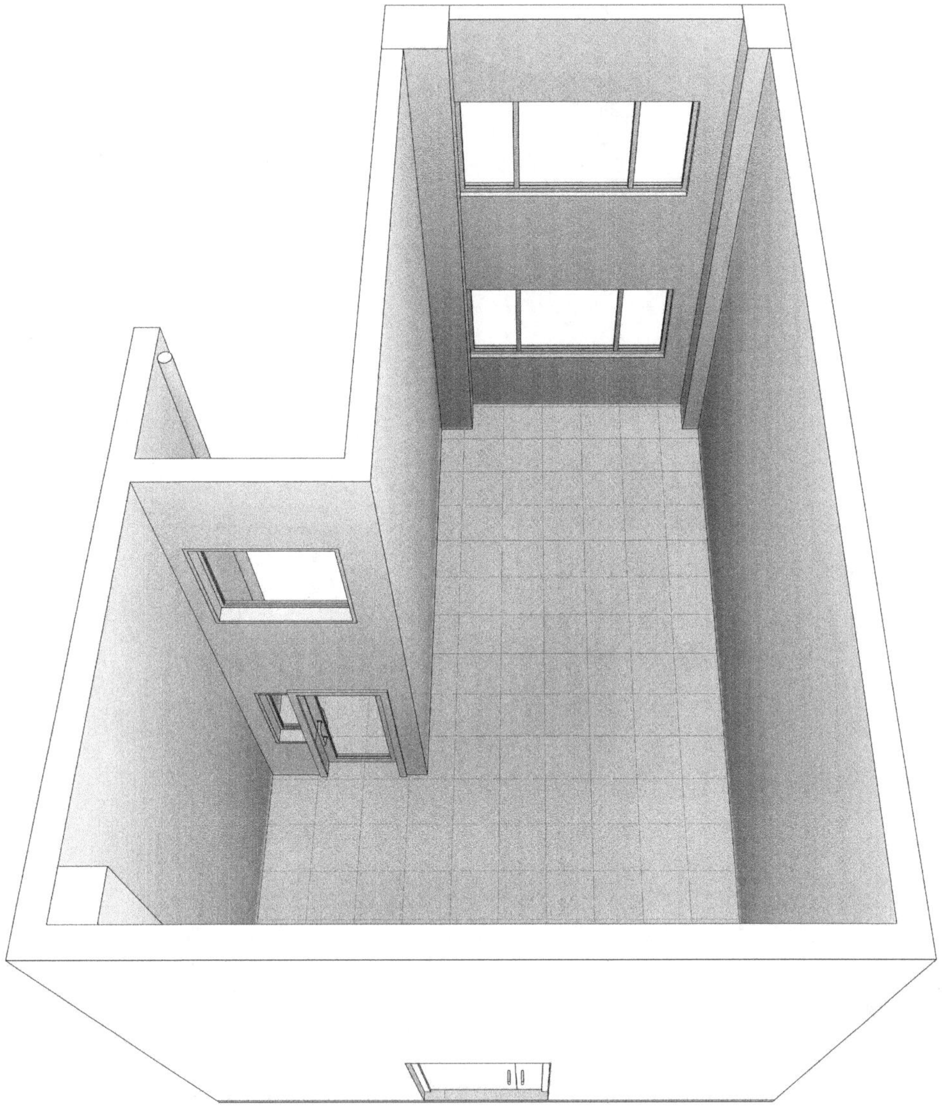

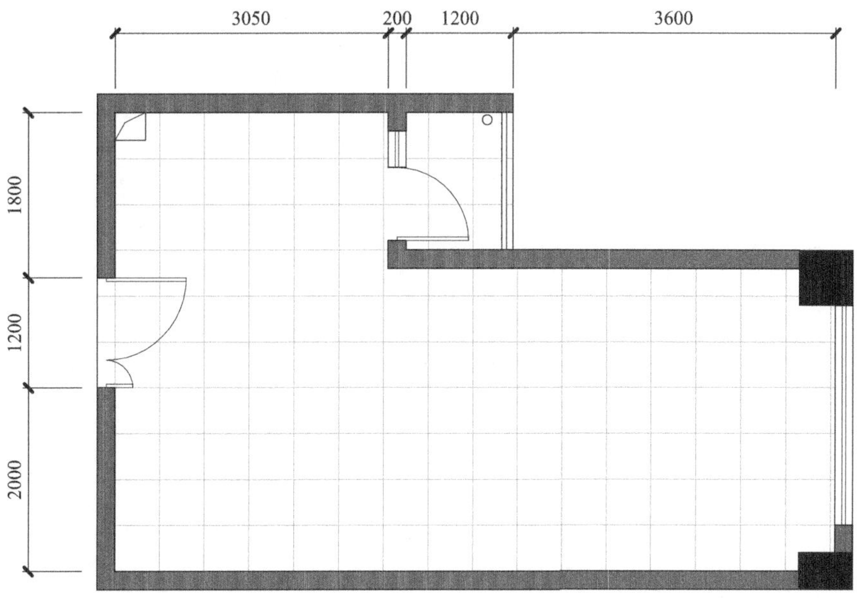

一层平面图

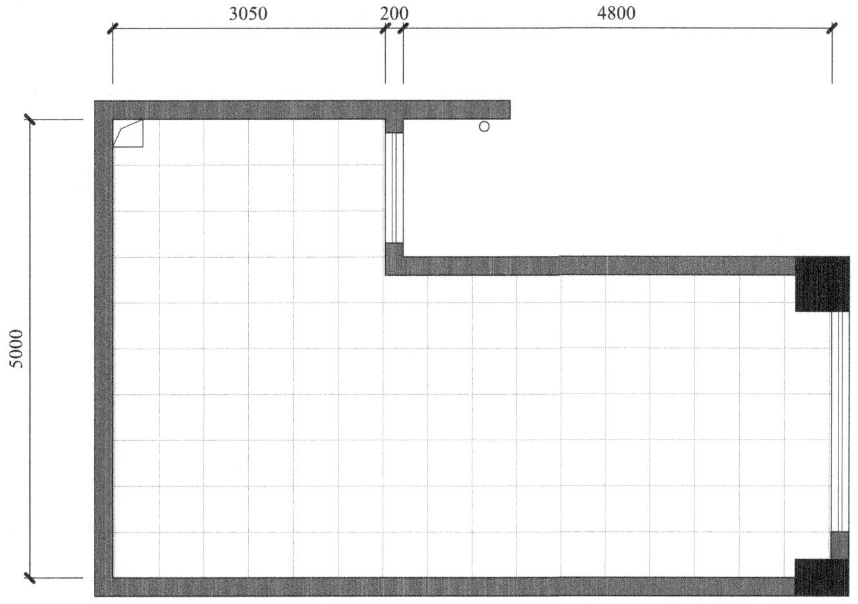

二层平面图

标题	专项练习——平面布局优化：跃层住宅	姓名		班级		页码	*09*

要求	1. 根据不同的需求，绘制两个不同的起居室平面布置方案，方格间距为 500mm × 500mm；2. 标注主要家具与过道尺寸（合理即可）

方案 1：以________________功能为主

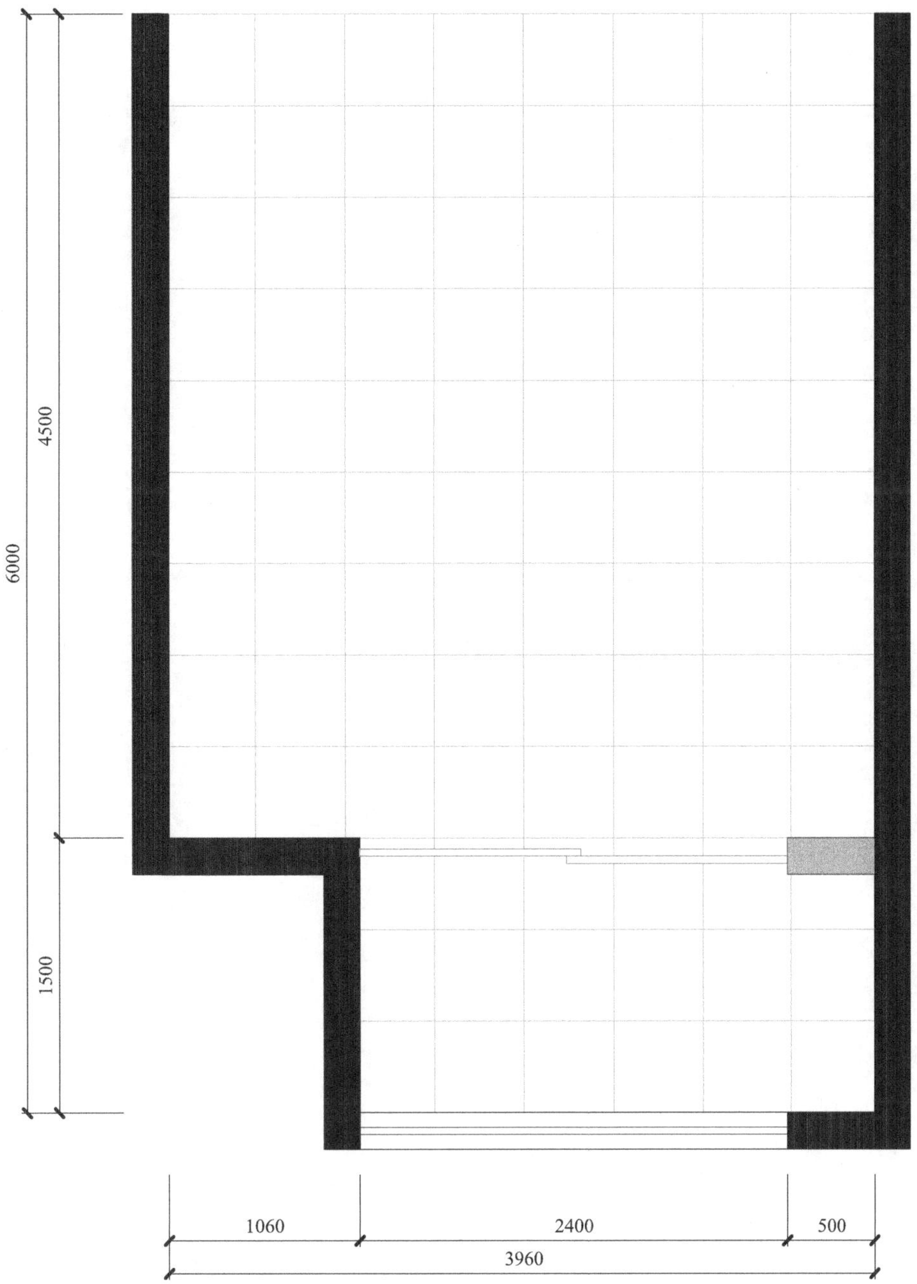

方案 2：以________________功能为主

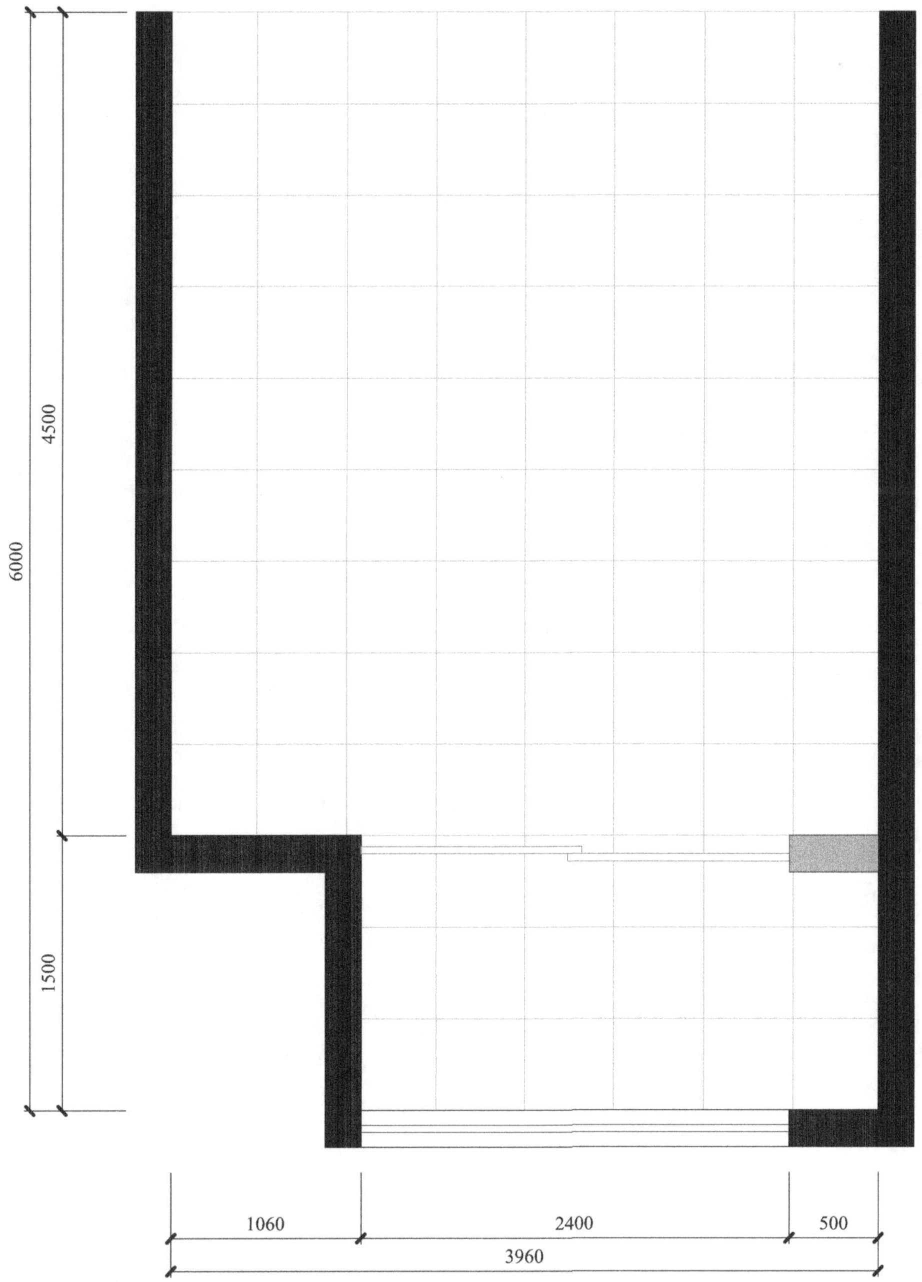

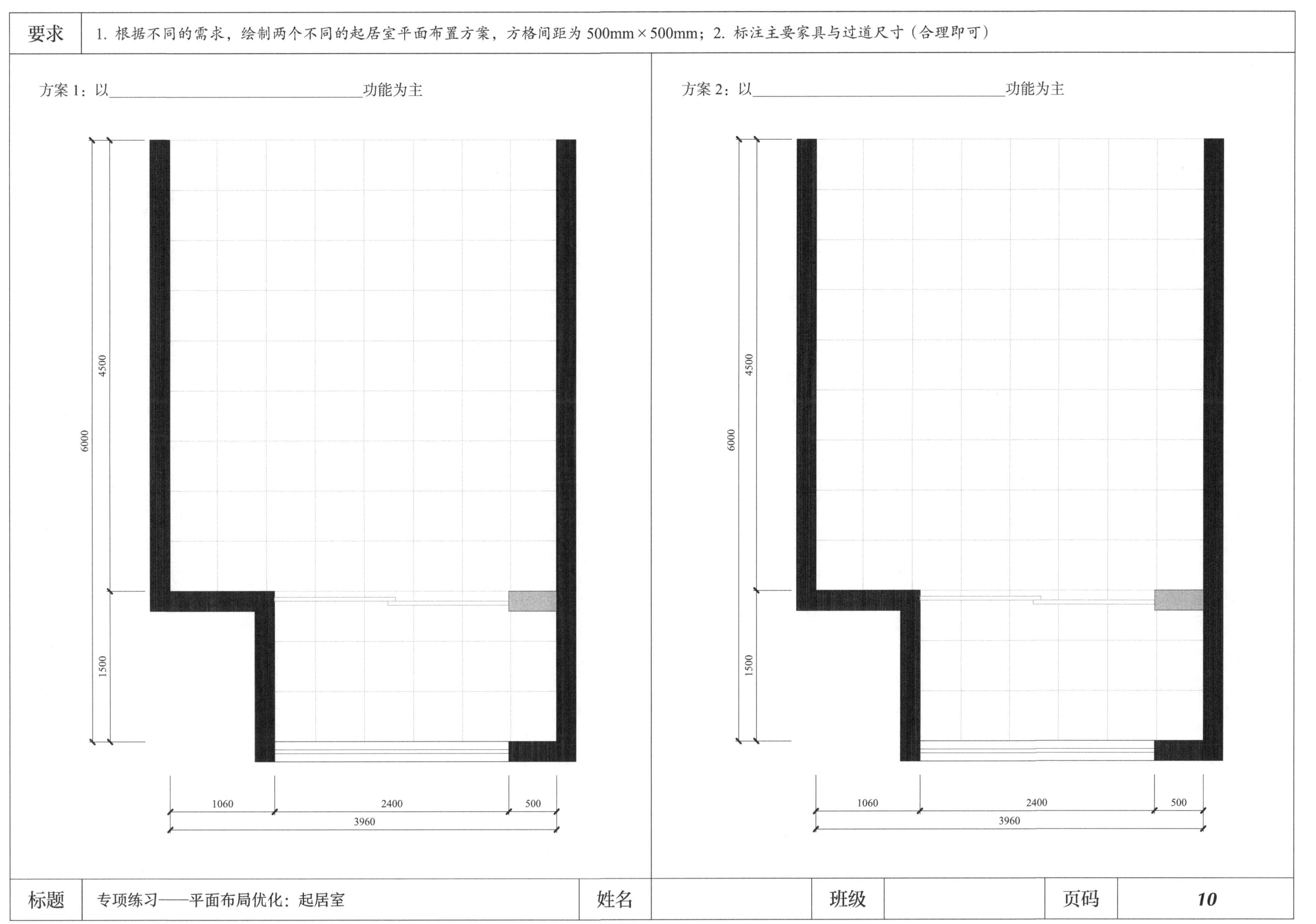

标题	专项练习——平面布局优化：起居室	姓名		班级		页码	10

要求	灰色单元格填充区域为餐厨空间位置（单元格距离为 500mm × 500mm），请根据要求设计两套平面方案，并标明主要家具和通道尺寸

方案 1：开放式厨房，有中岛，方便会客

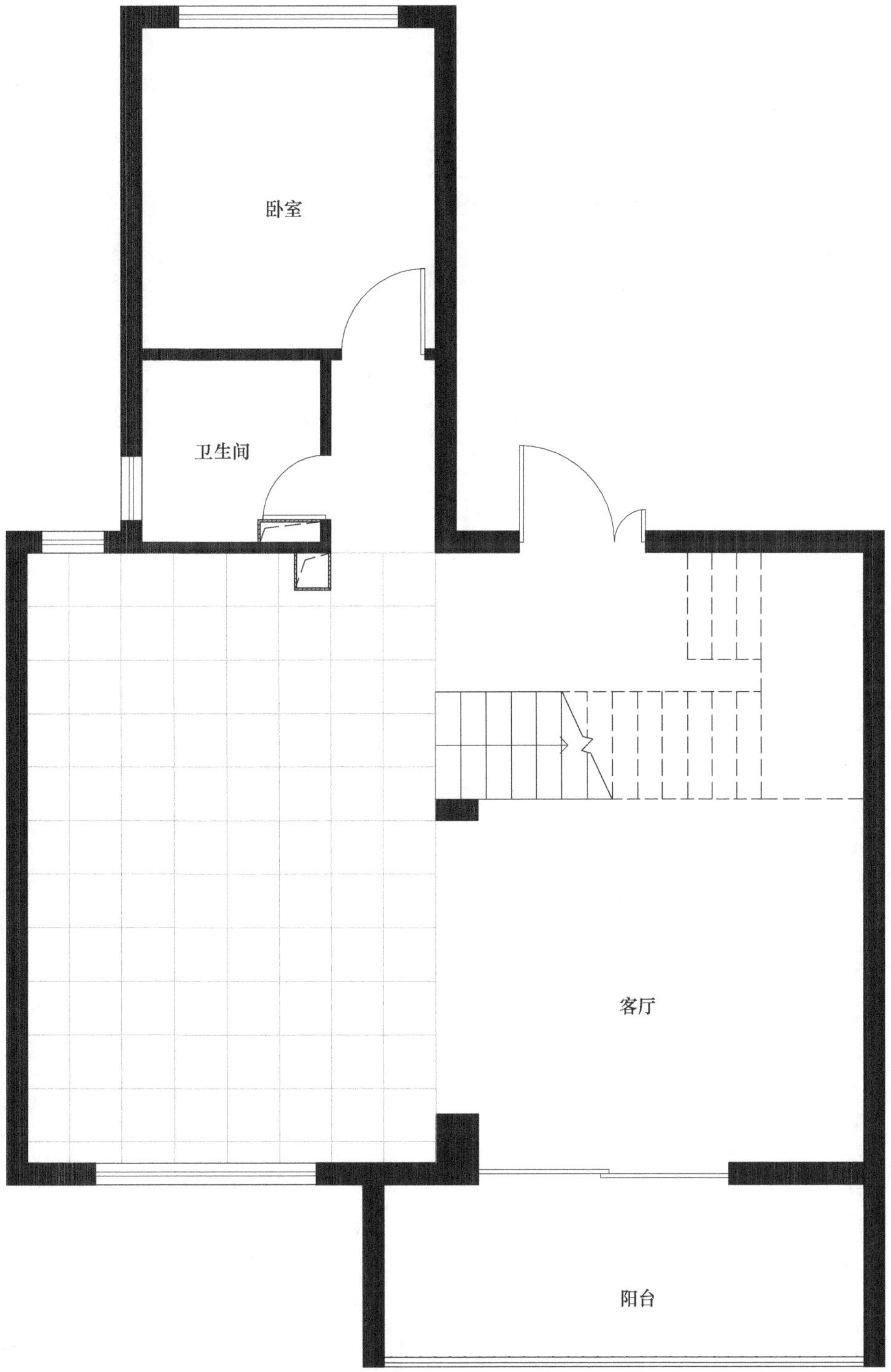

方案 2：中西厨组合

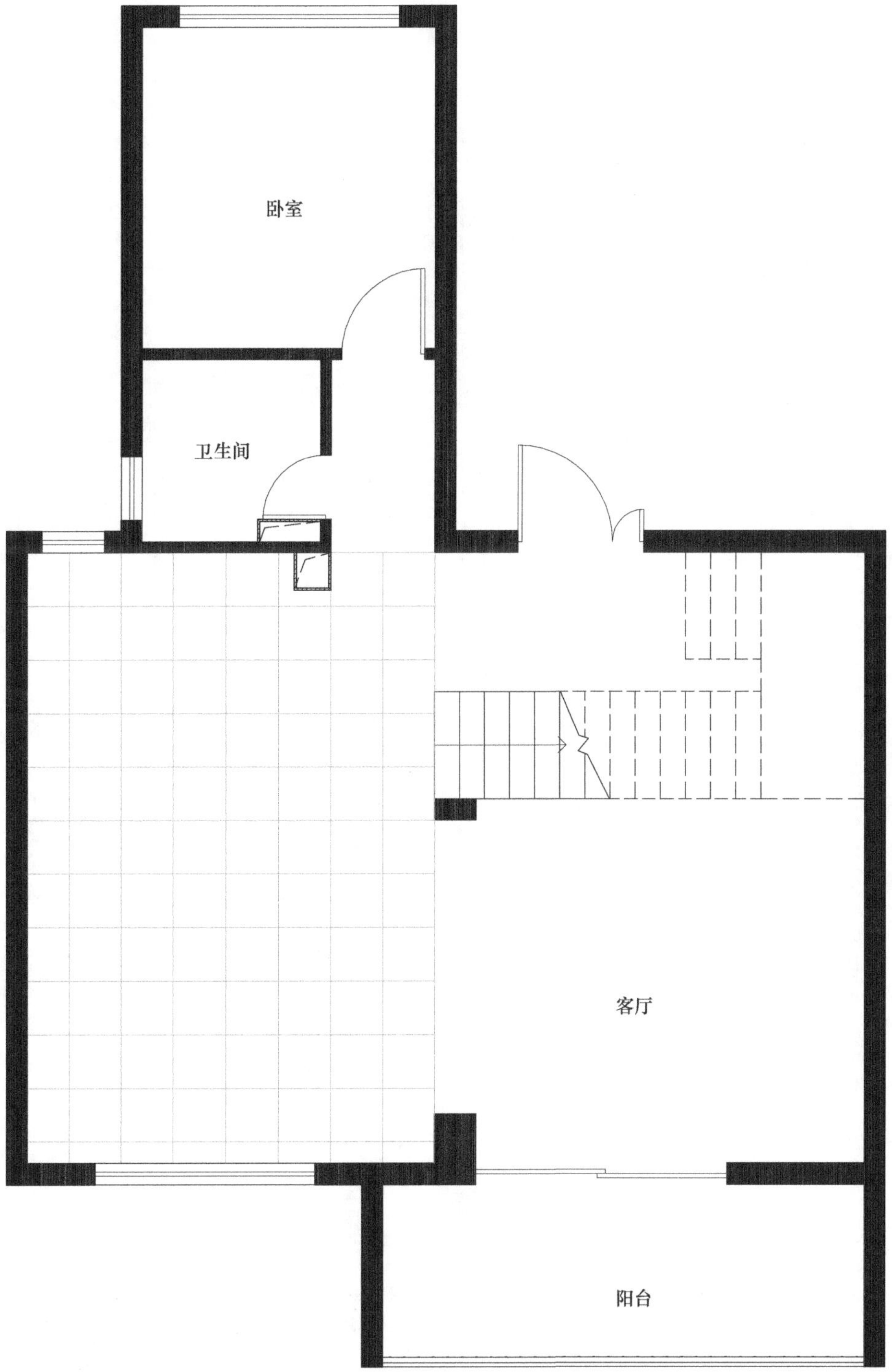

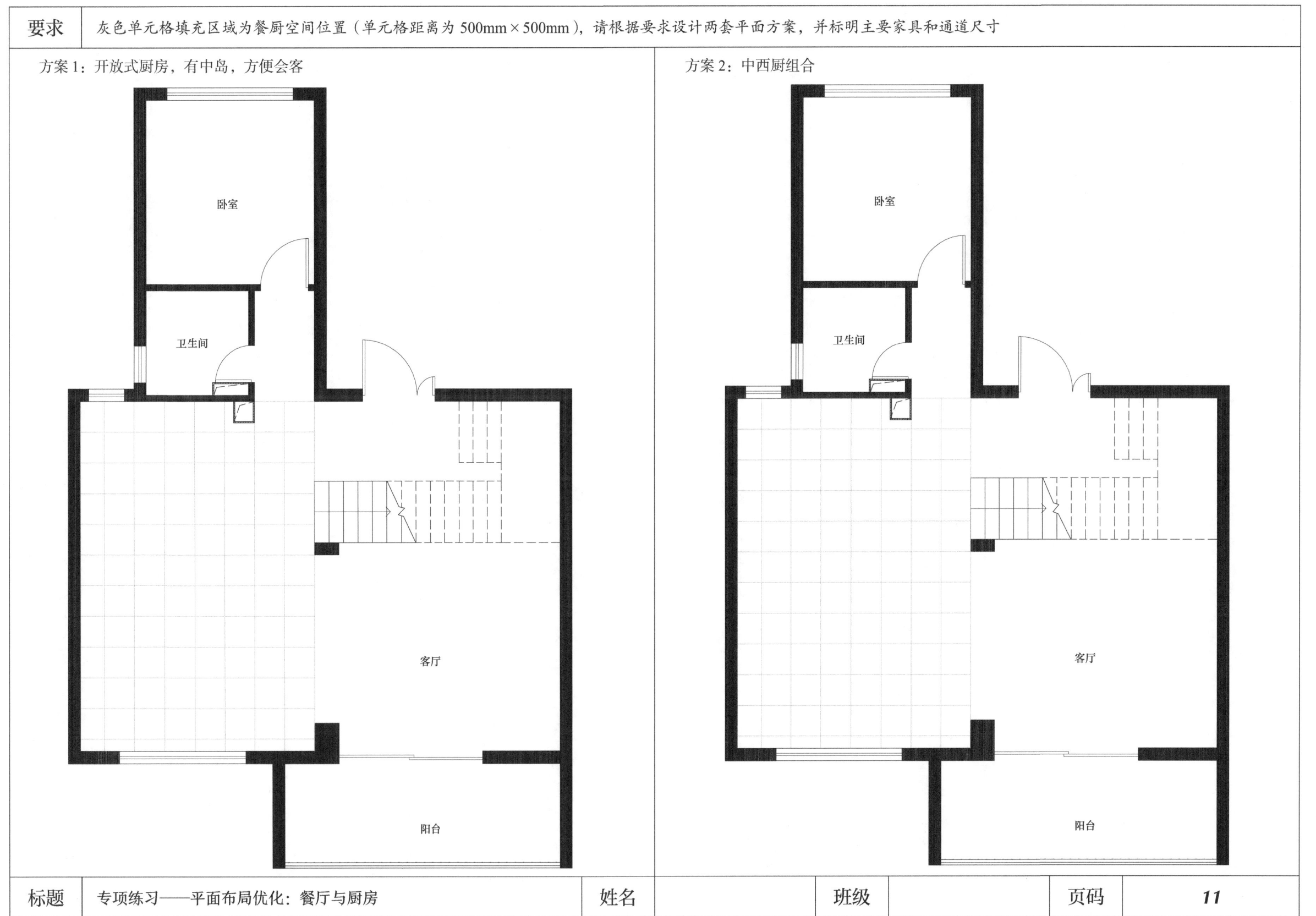

标题	专项练习——平面布局优化：餐厅与厨房	姓名		班级		页码	11

要求	按要求布置卫生间空间，但均需优先具备洗手、如厕和洗浴三大基本功能

要求：在空间尺度满足要求的情况下，尽量增加卫生间的功能

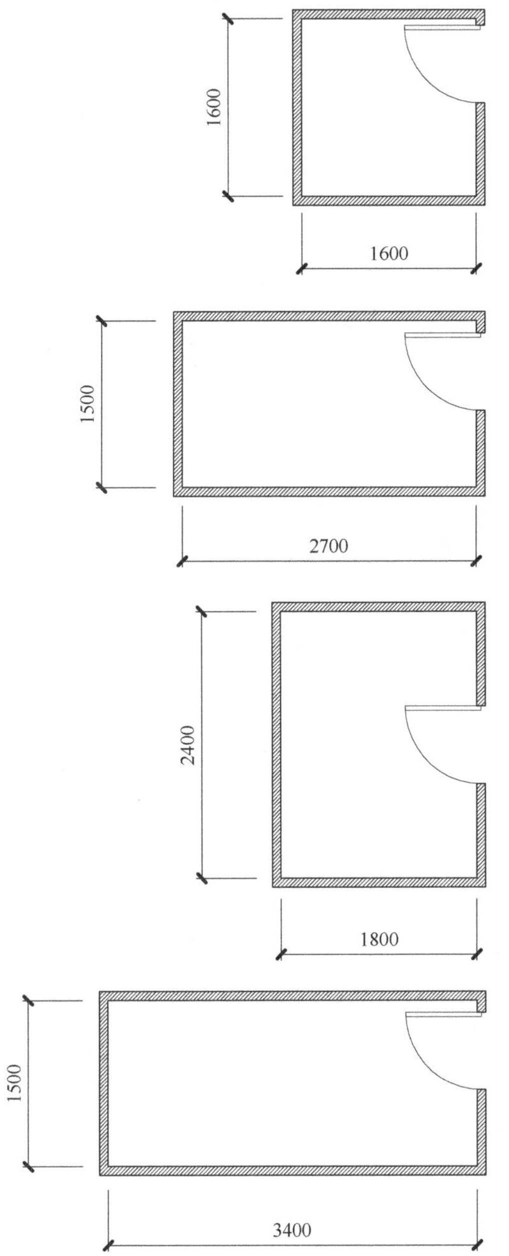

要求：将下图的卫生间进行改造，实现干湿分区或三分离（黑色填充墙体不能改动）

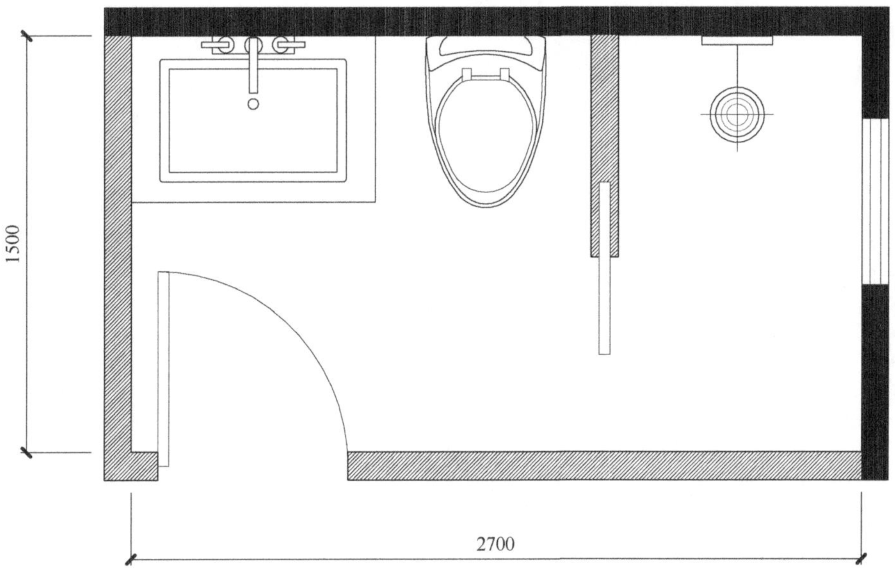

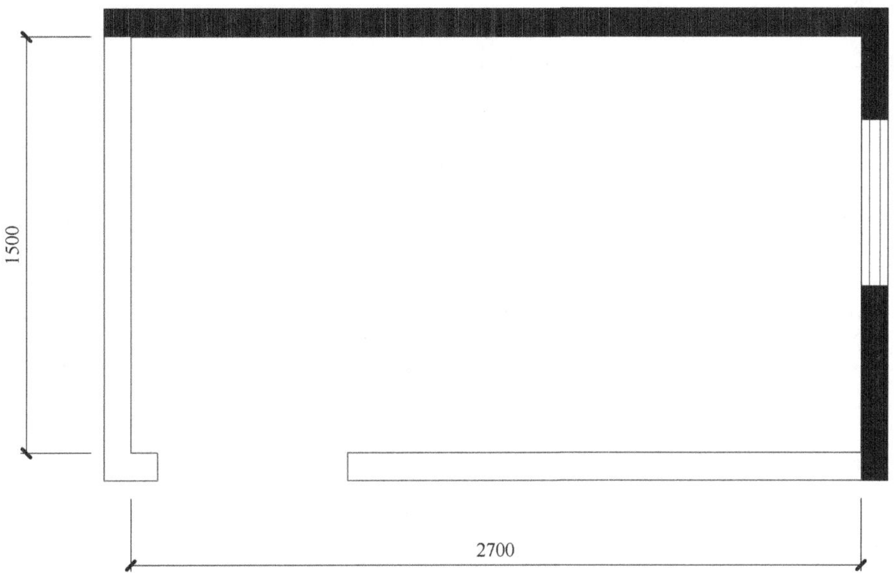

标题	专项练习——平面布局优化：卫生间	姓名		班级		页码	12

要求	1. 针对不同的使用者，绘制两个不同的卧室平面布置方案（至少有一个方案含衣帽间），方格间距为 500mm × 500mm；2. 标注主要家具与过道尺寸（合理即可）；3. 填充墙体不能改动

方案 1：卧室使用者为________________________

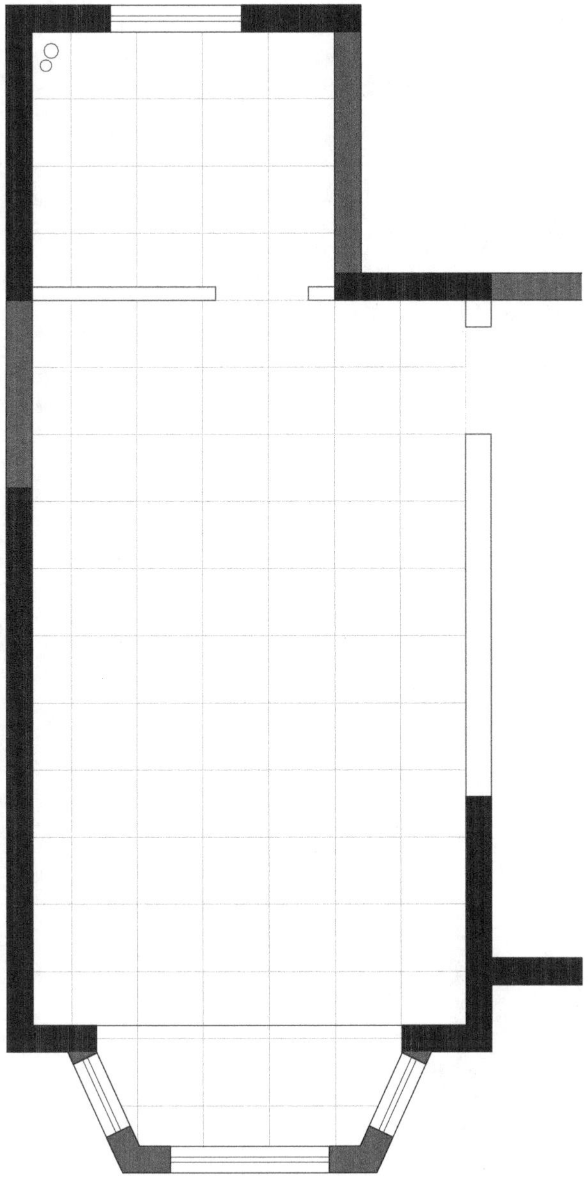

方案 2：卧室使用者为________________________

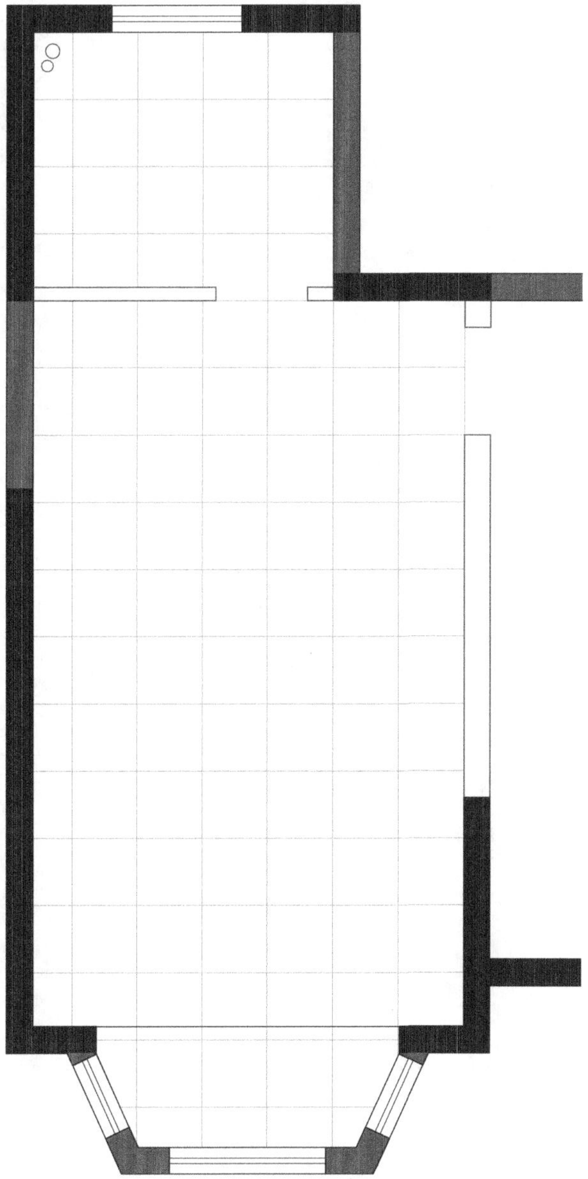

标题	专项练习——平面布局优化：卧室	姓名		班级		页码	13

要求	1. 在上两个空间中，布置茶室、书房或健身房（任选其二，标注主要家具和过道尺寸）；2. 在下两个空间中，布置两个不同的阳台方案；3. 填充墙体不能改动

本空间为一间________________

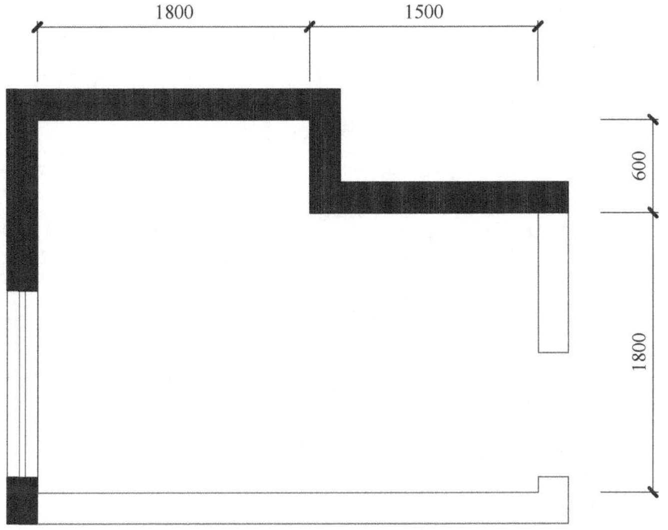

本空间为一间________________

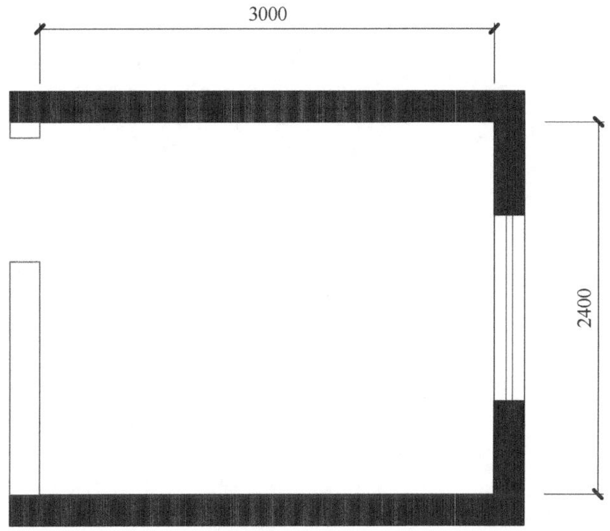

方案 1：此阳台具有________________的功能

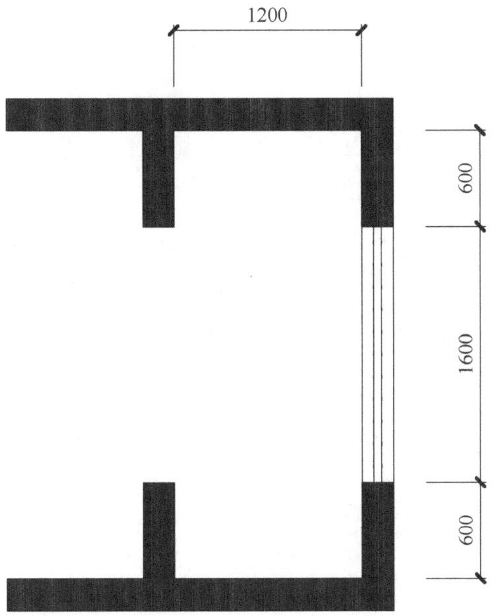

方案 2：此阳台具有________________的功能

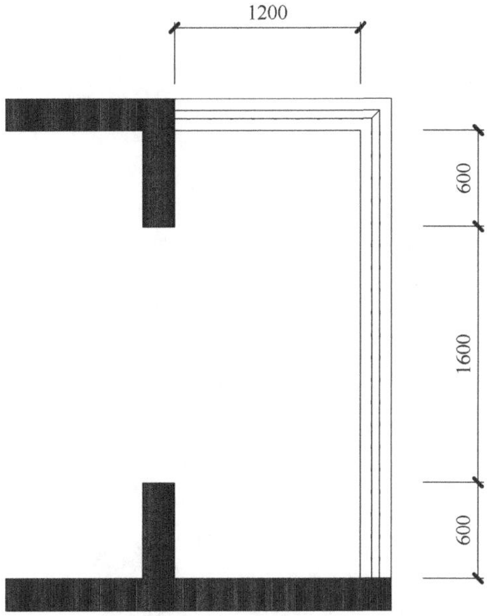

标题	专项练习——平面布局优化：其他空间	姓名		班级		页码	14

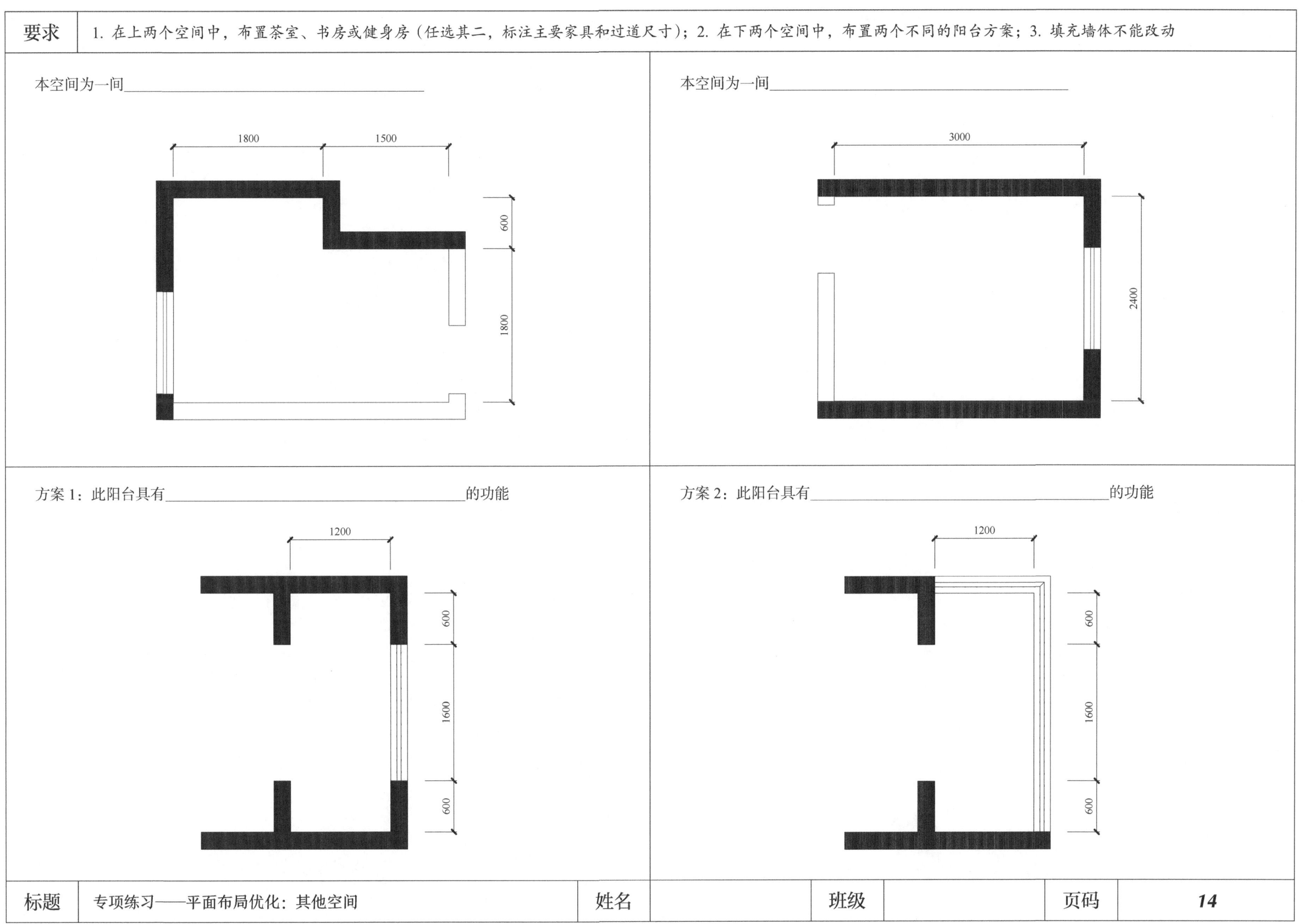

要求	根据图片在空白处绘制玄关平面图，并标注尺寸（合理即可）

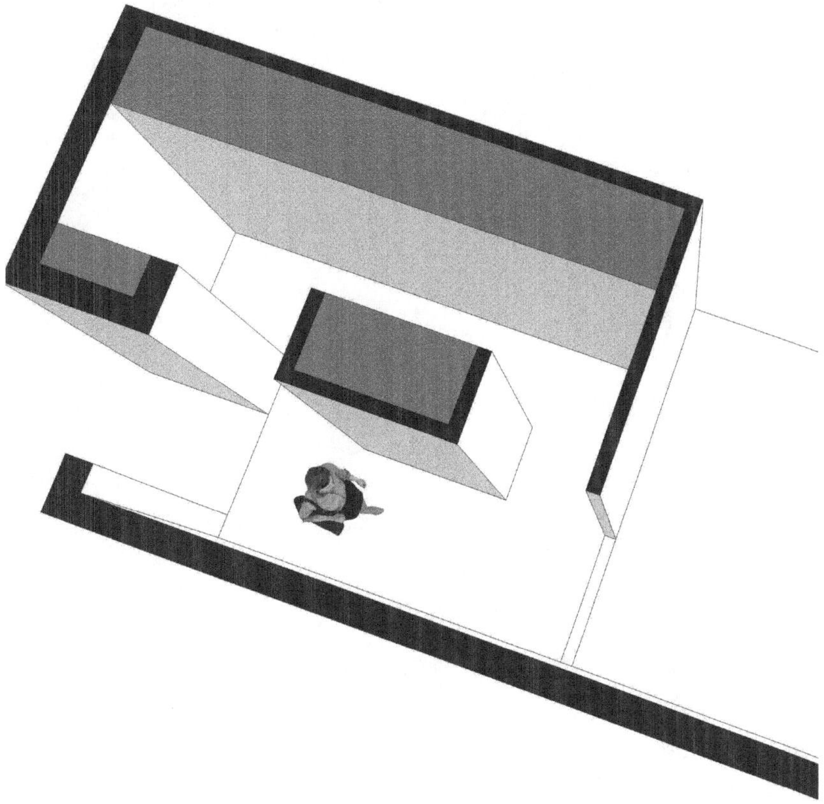

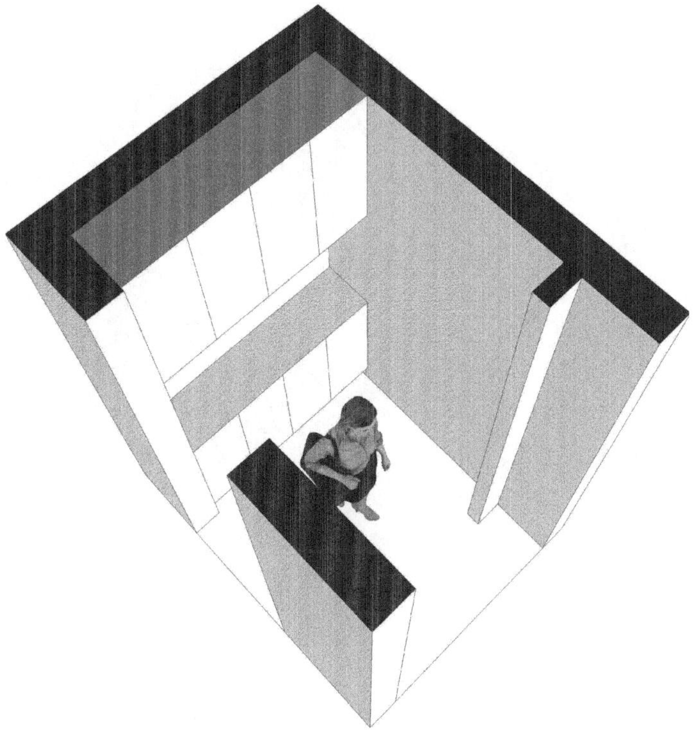

标题	专项练习——功能与尺度：玄关	姓名		班级		页码	15

要求	1. 绘制下图玄关柜的正立面；2. 标注各部分尺寸（合理即可）；3. 标明各部分功能用途

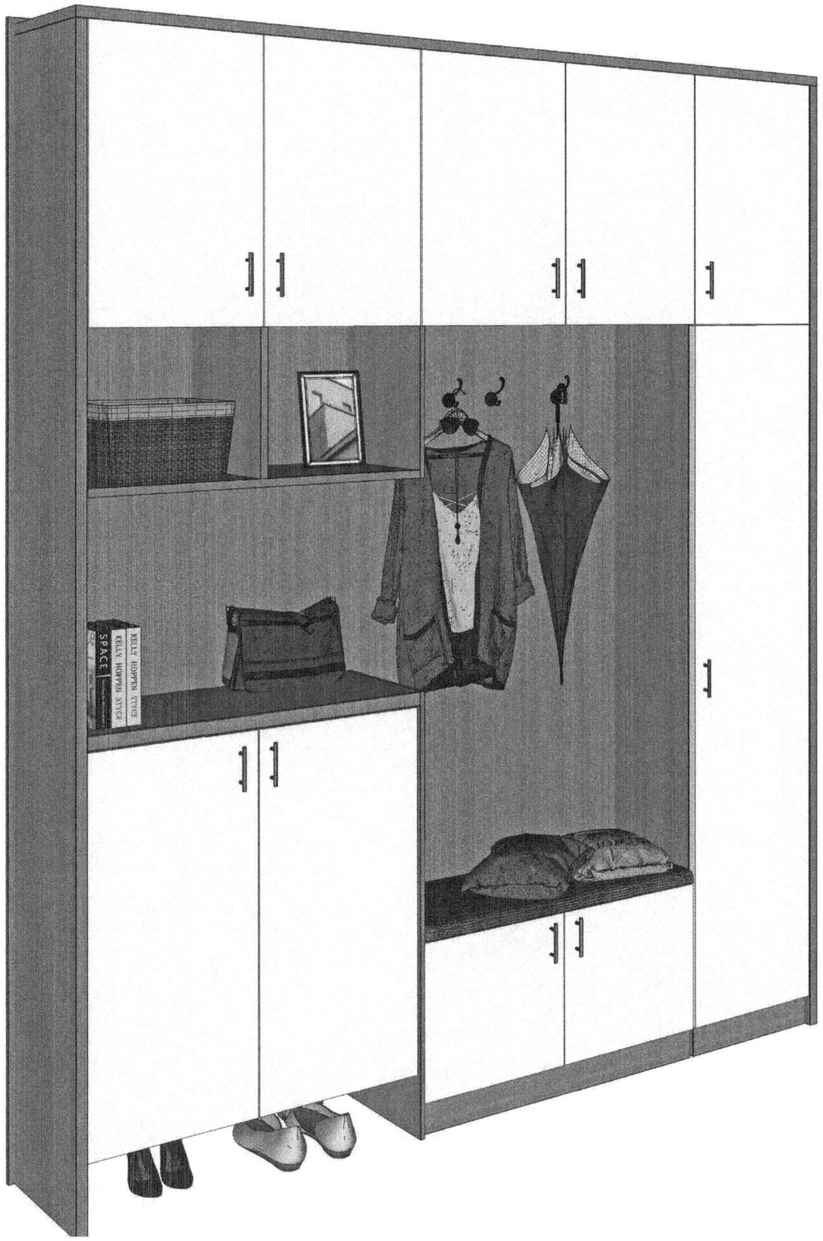

标题	专项练习——功能与尺度：玄关柜	姓名		班级		页码	16

要求	下图右侧框为 4000mm × 2700mm 的墙面。请为一年轻女性规划一个带梳妆台的衣柜；标注尺寸；标注功能区名称

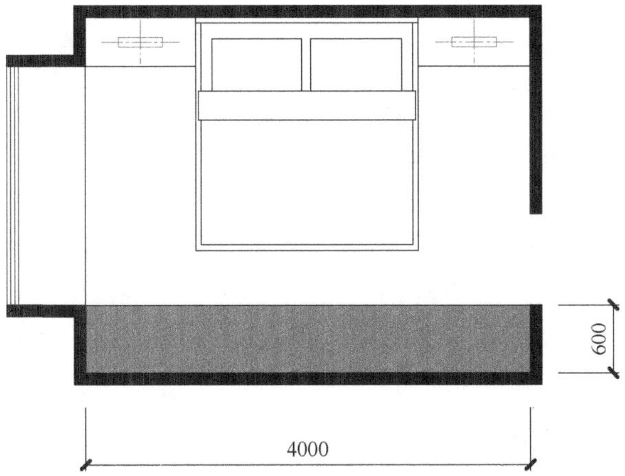

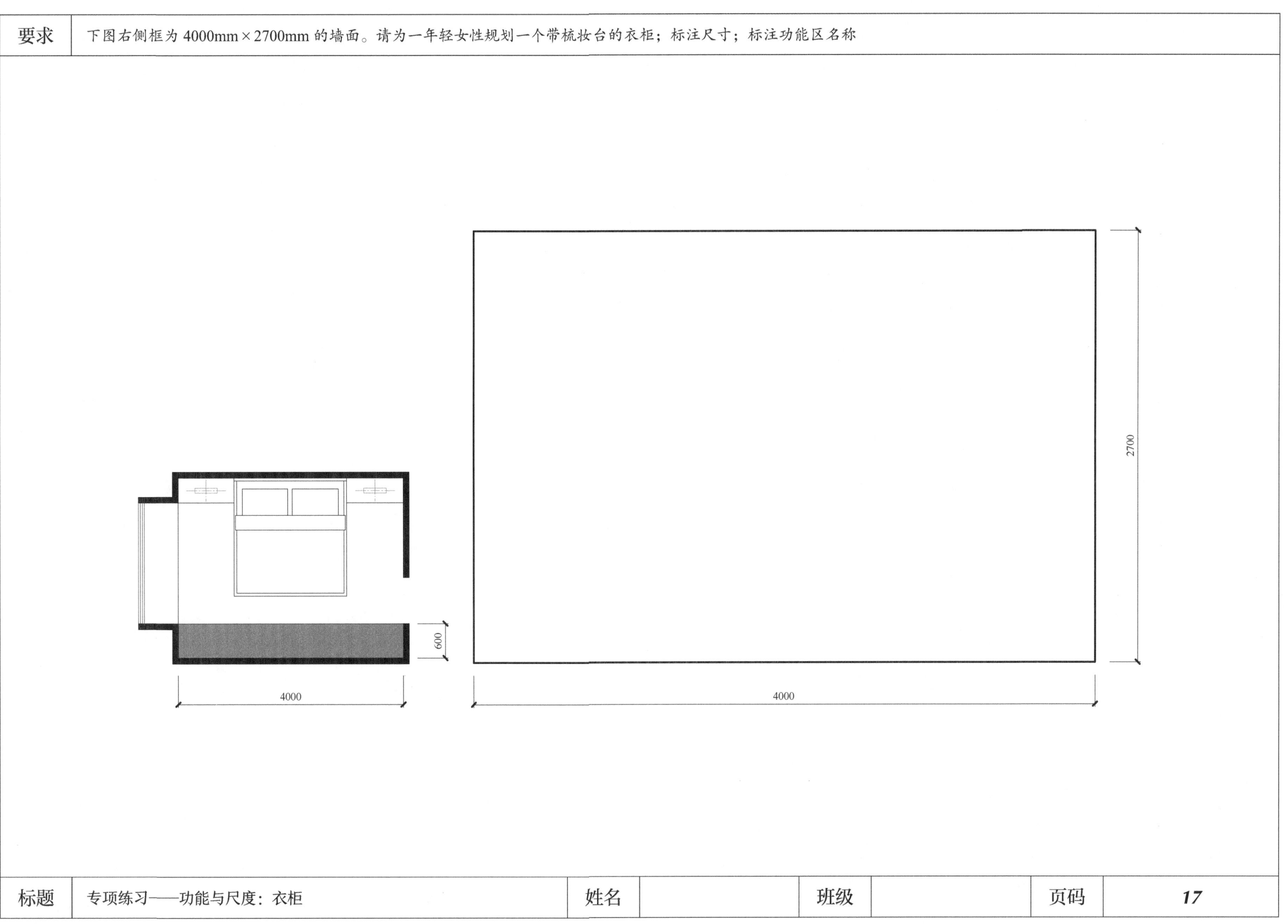

标题	专项练习——功能与尺度：衣柜	姓名		班级		页码	17

要求	对下图起居室的墙面、吊顶和地面进行界面设计，并补充完成该空间的透视效果图，要求做到安全、实用、经济、美观，与家具造型和谐统一。注：起居室安装风管机，需要吊顶

标题	专项练习——空间界面设计：起居室	姓名		班级		页码	**18**

要求	对下图厨房与餐厅的墙面、吊顶、地面及橱柜面板进行界面设计，并针对不同使用场景进行照明设计，补充完成该空间的透视效果图

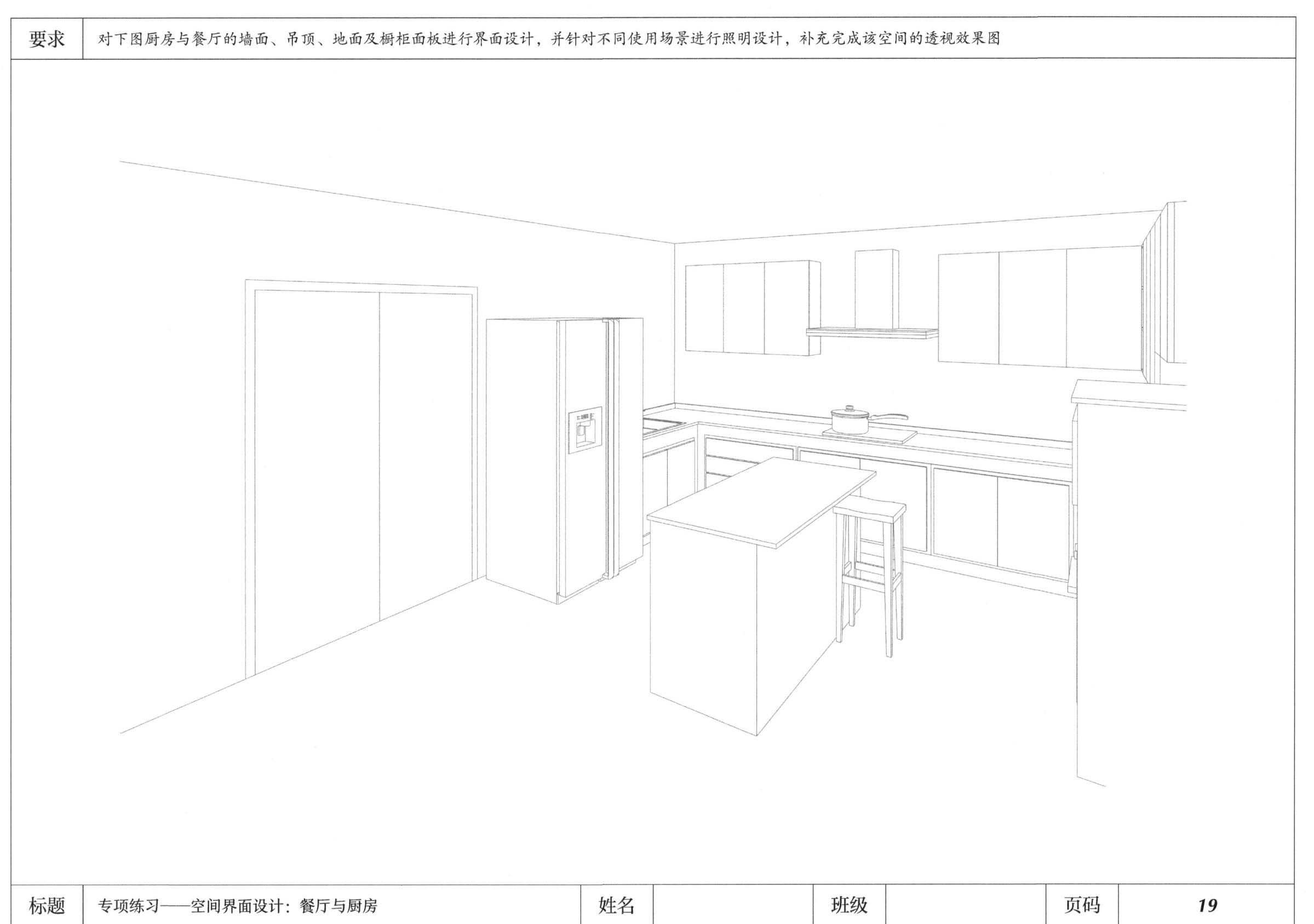

标题	专项练习——空间界面设计：餐厅与厨房	姓名		班级		页码	19

要求	对下图卫生间的墙面、吊顶和地面进行界面设计，并补充完成盥洗台及镜面（镜柜）的设计，将设计内容体现在透视效果图中。注：绘制两个方案

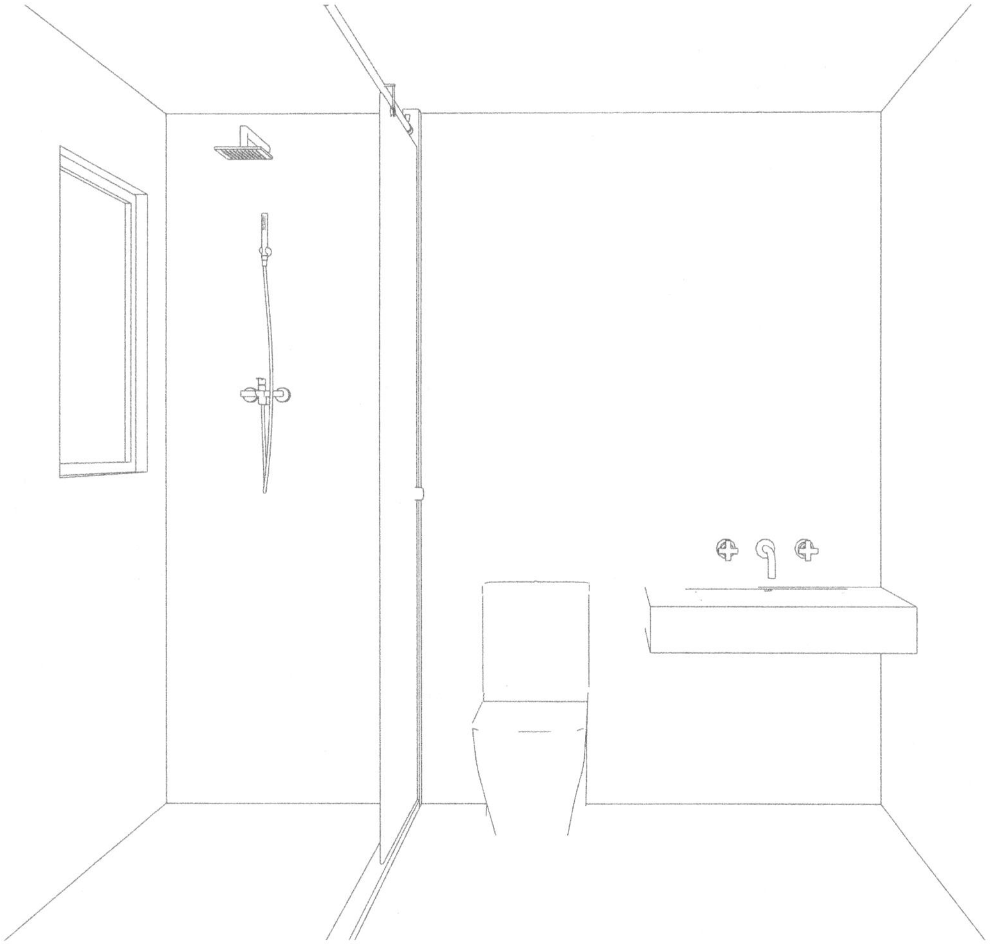

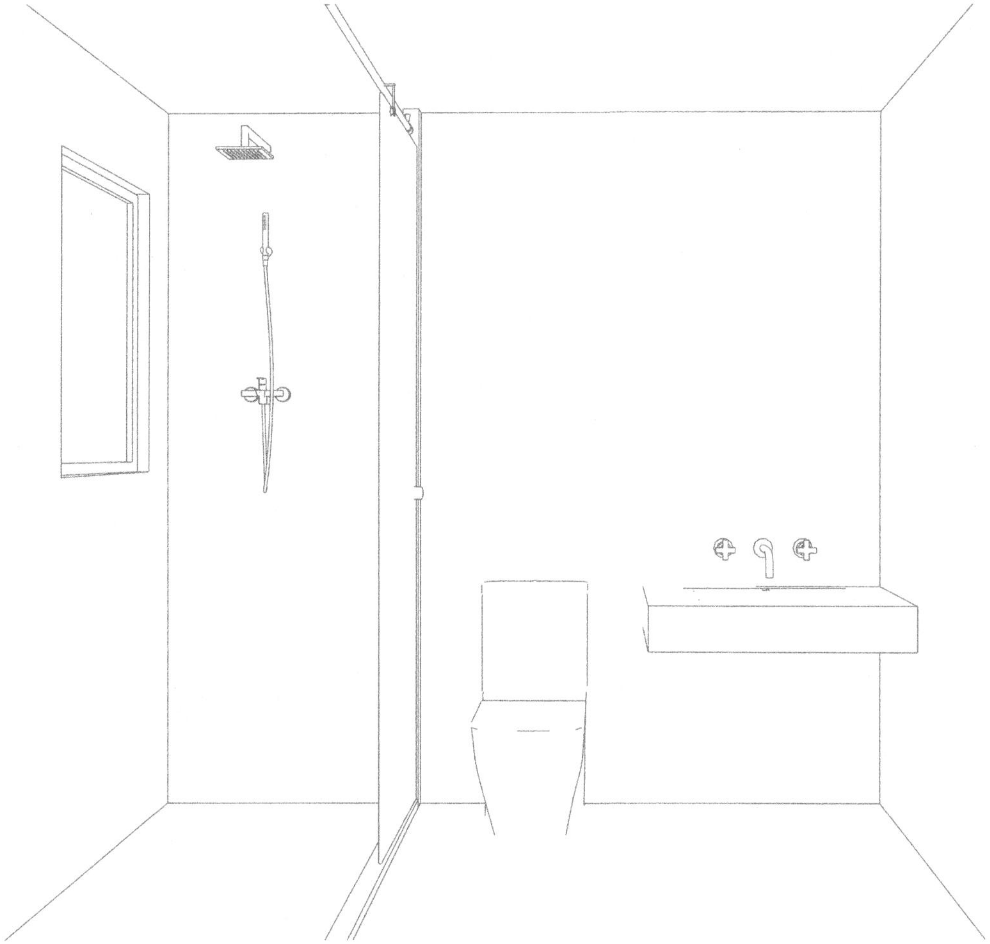

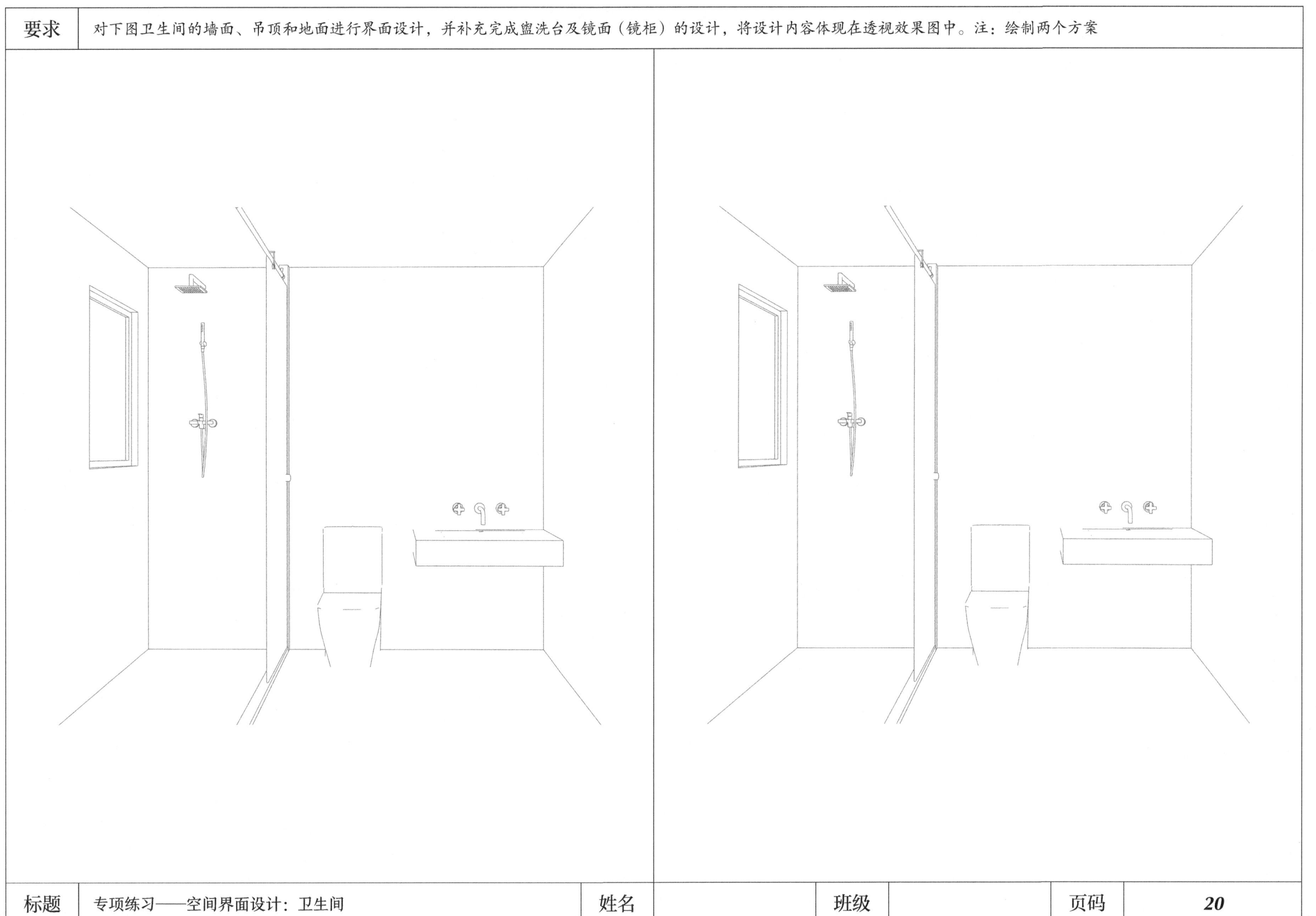

标题	专项练习——空间界面设计：卫生间	姓名		班级		页码	20

要求	对下图卧室的墙面、吊顶和地面进行界面设计，并补充完成该空间的透视效果图，要求做到安全、实用、经济、美观，与家具造型和谐统一。注：床、衣柜等家具可进行设计深化

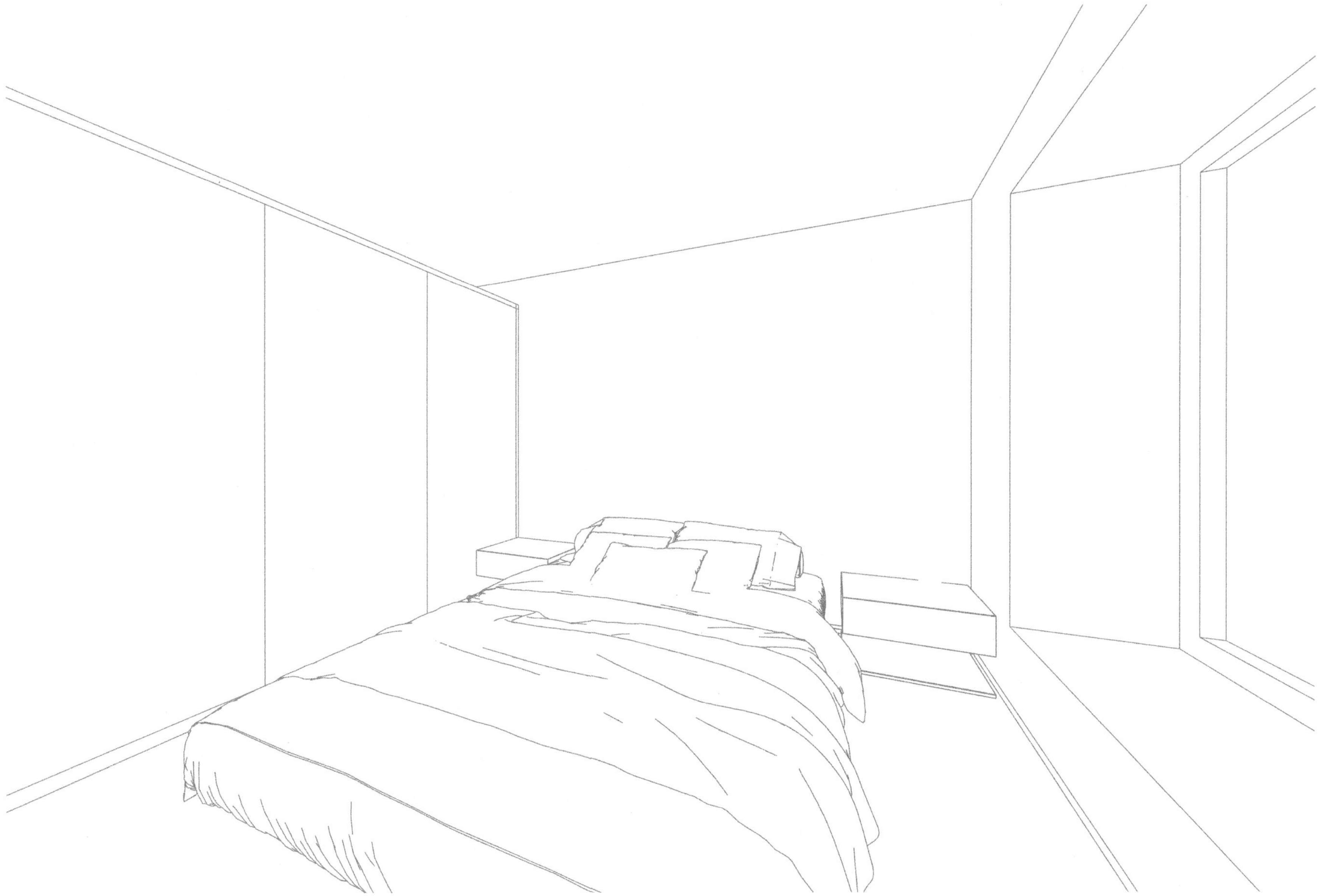

标题	专项练习——空间界面设计：卧室	姓名		班级		页码	21

要求	1. 三维转二维：将照片中电视背景墙绘制成立面图；2. 电视背景墙设计：在不改动墙体和室内布局的情况下，为起居室设计电视背景墙，要求平面、立面皆要表现，且对应，标注主要尺寸

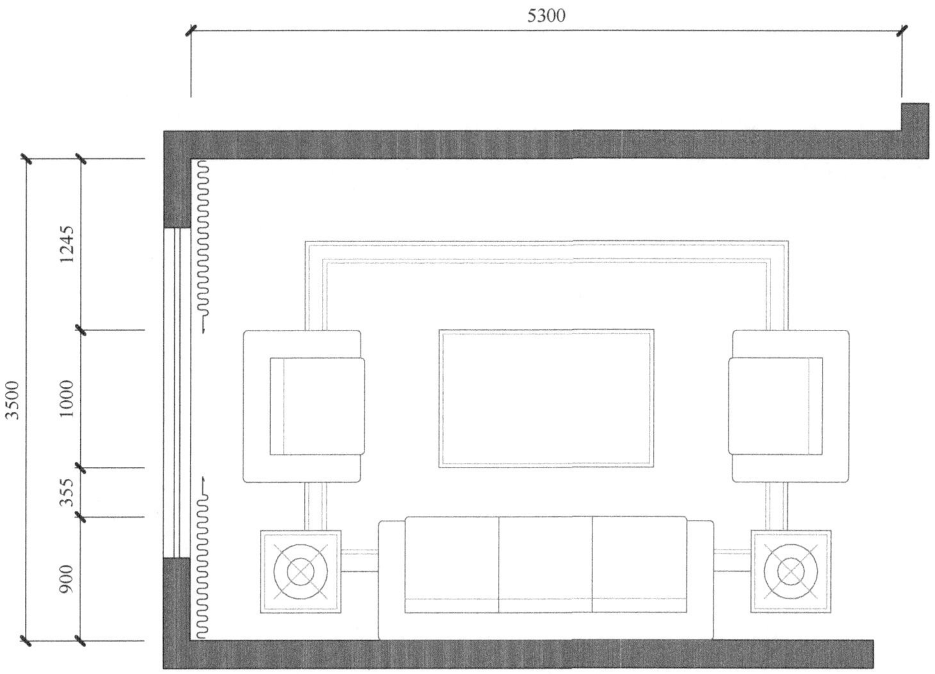

标题	专项练习——空间界面设计：起居室墙面	姓名		班级		页码	22

要求	1. 三维转二维：将照片中卧室背景墙绘制成立面图；2. 卧室墙面设计：在不改动墙体和室内布局的情况下，为卧室设计背景墙，要求标注主要尺寸

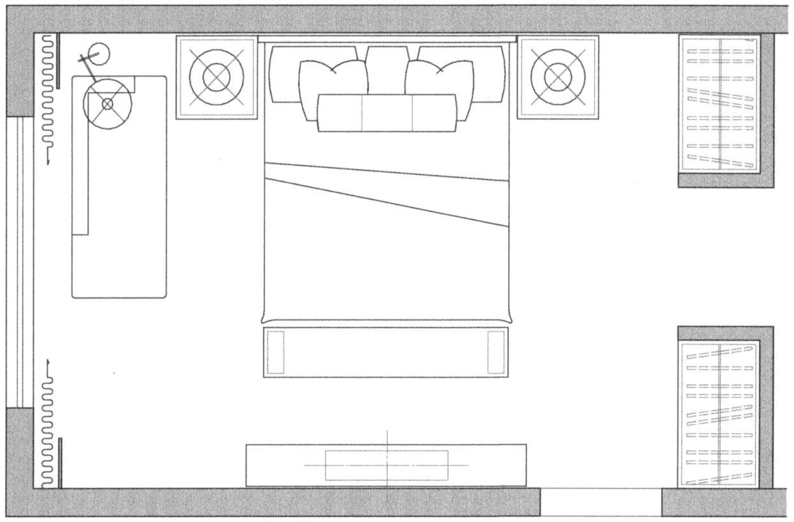

标题	专项练习——空间界面设计：卧室墙面	姓名		班级		页码	23

要求	1. 三维转二维：将照片中的天花绘制成二维图；2. 天花设计：扫描二维码，参考空间的墙面与软装设计，为该空间设计天花，要求标注主要尺寸

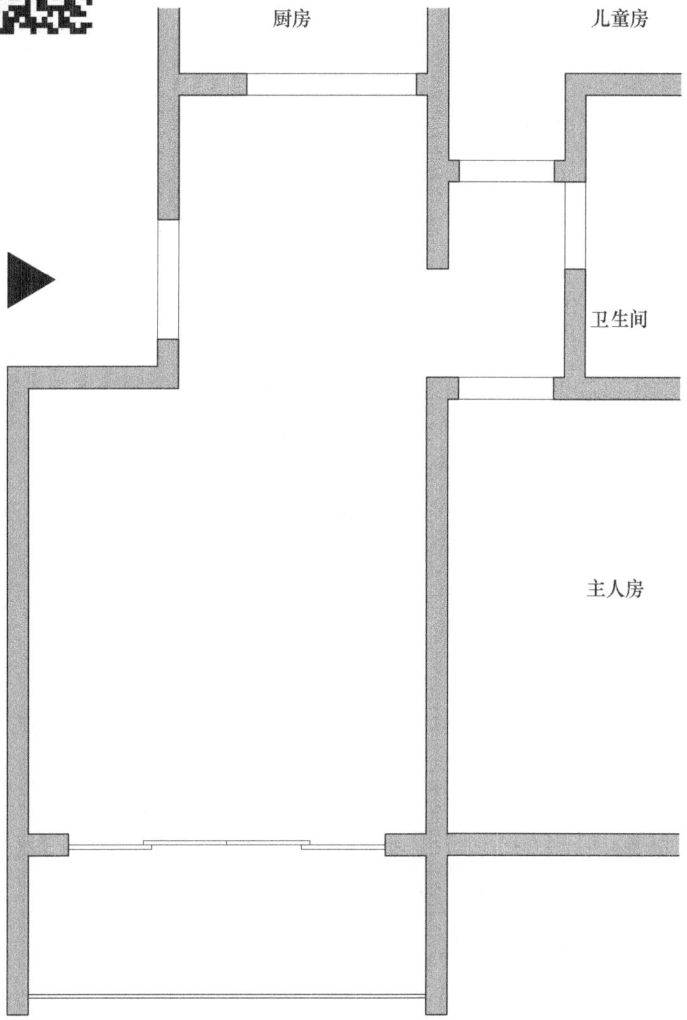

天花布置图

标题	专项练习——空间界面设计：天花	姓名		班级		页码	24

要求	1. 三维转二维：将照片中的地面绘制成二维图；2. 地面设计：扫描二维码，参考空间的墙面与软装设计，为该空间设计地面，并与上一页天花设计相搭配

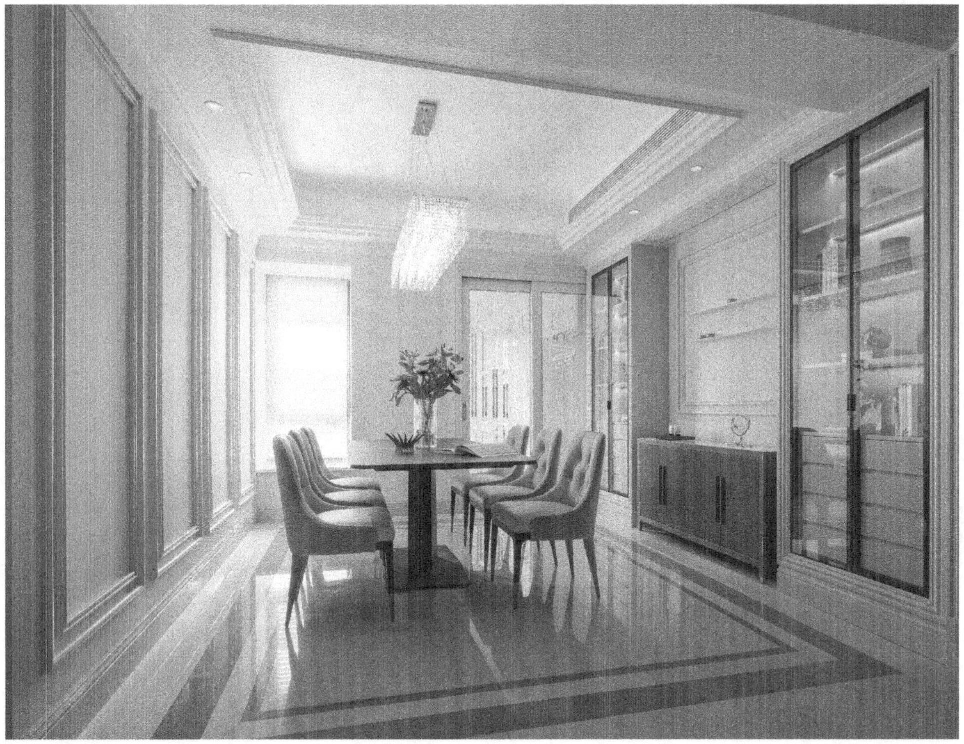

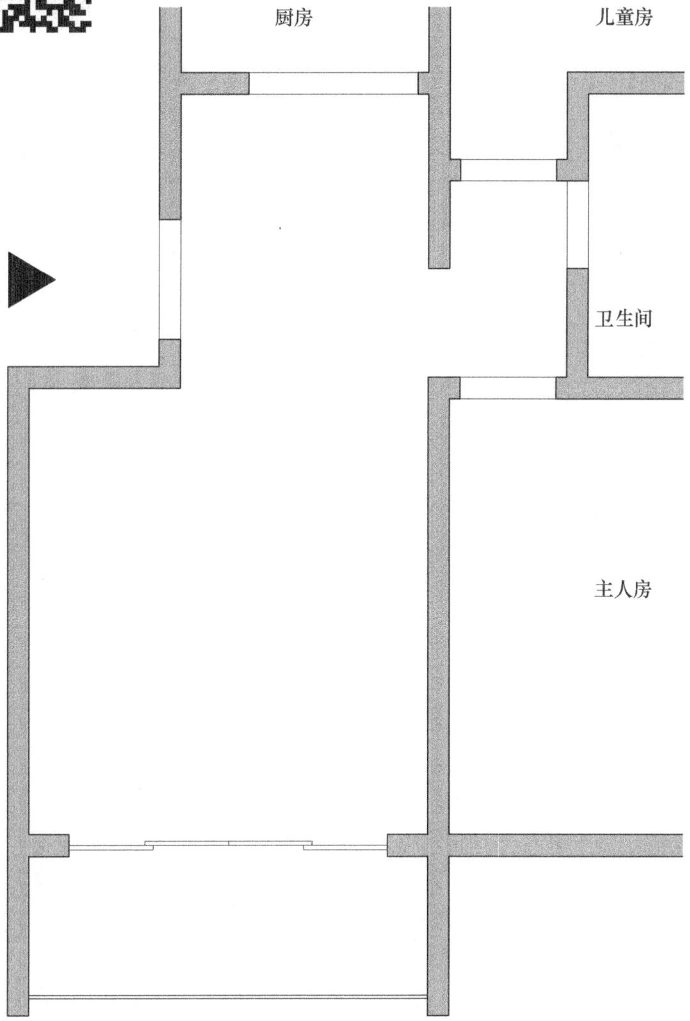

地面铺装图

标题	专项练习——空间界面设计：地面	姓名		班级		页码	25

要求	扫描右下方二维码，绘制该空间的天花与地面布置图；按制图要求进行标注，尺寸和材质等信息应合理

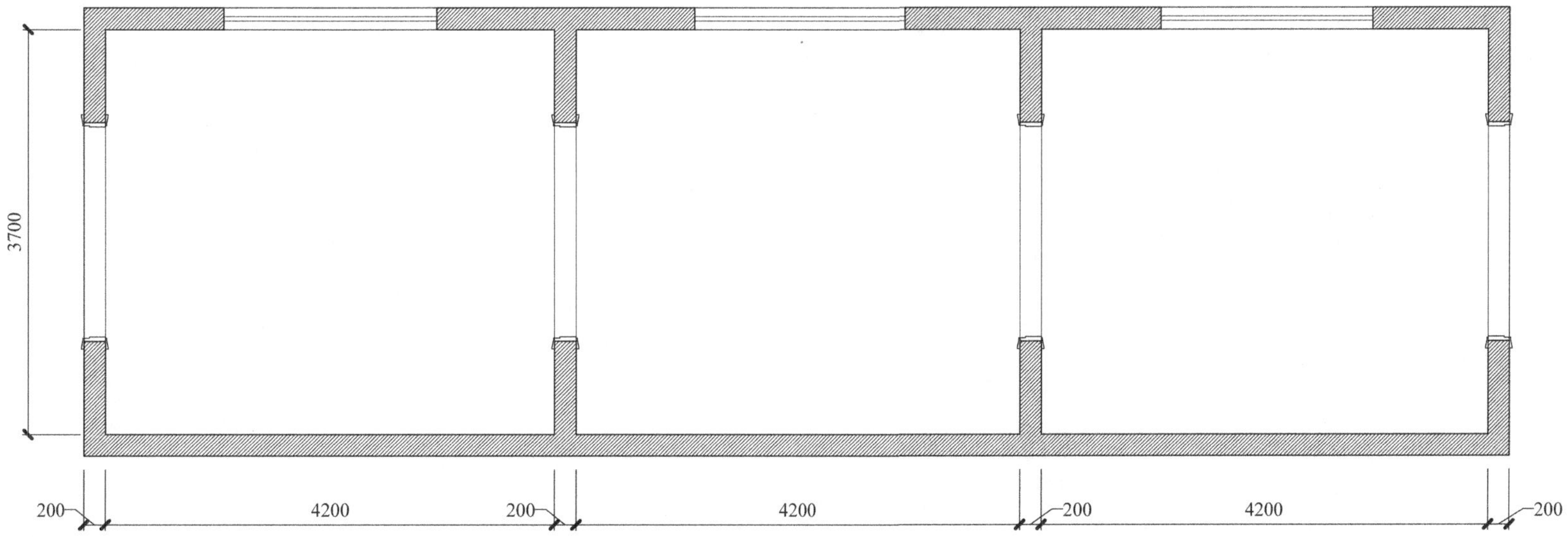

天花布置图

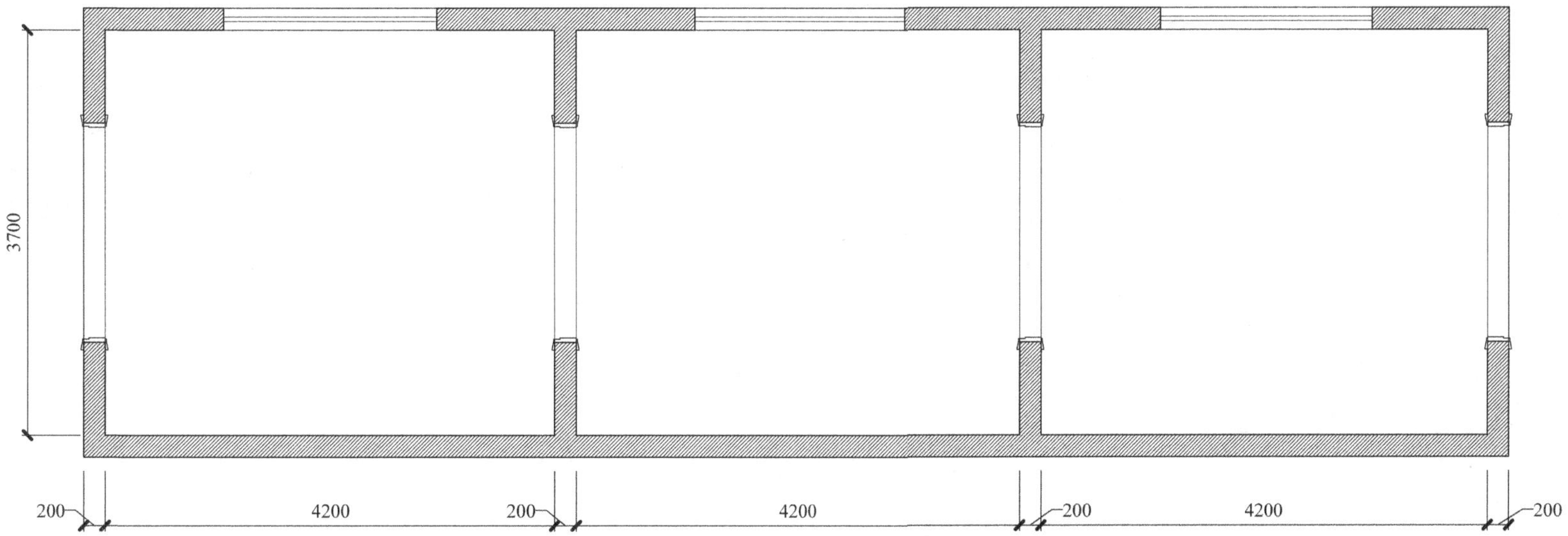

地面铺装图

标题	专项练习——制图：天花布置图与地面铺装图	姓名		班级		页码	26

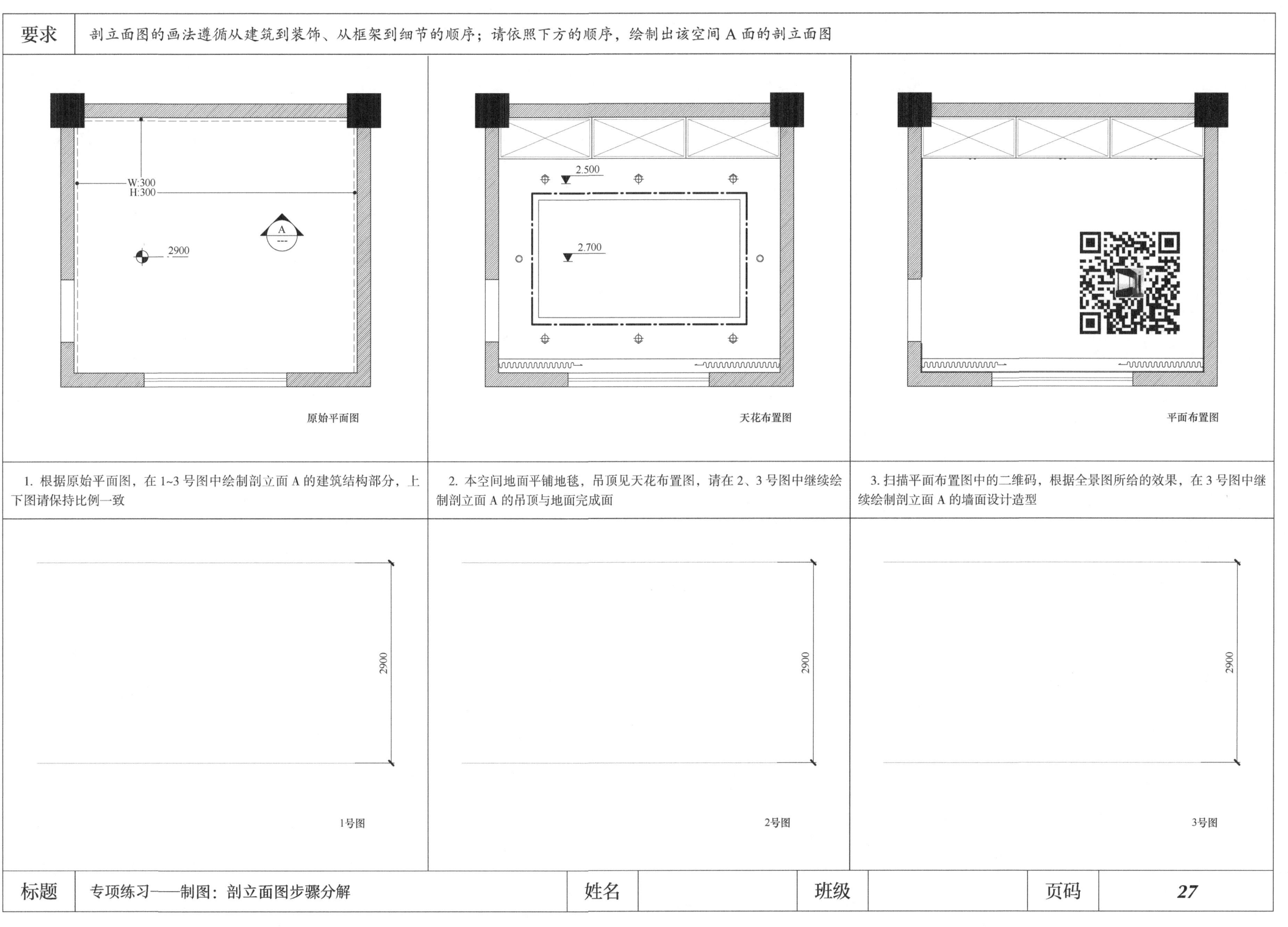

要求 剖立面图的画法遵循从建筑到装饰、从框架到细节的顺序；请依照下方的顺序，绘制出该空间 A 面的剖立面图

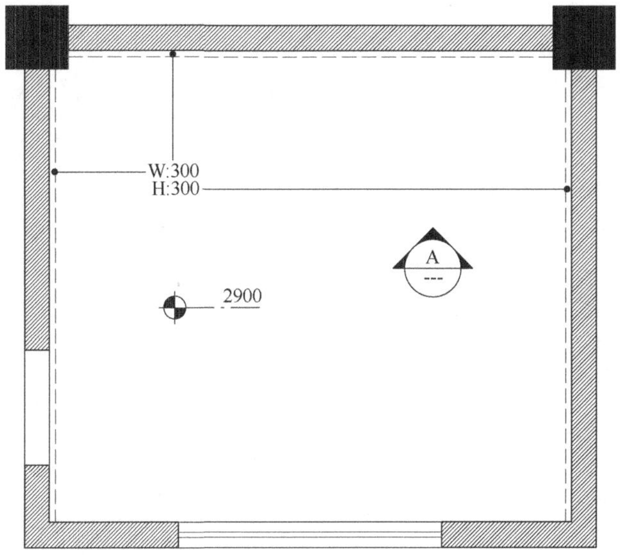

原始平面图

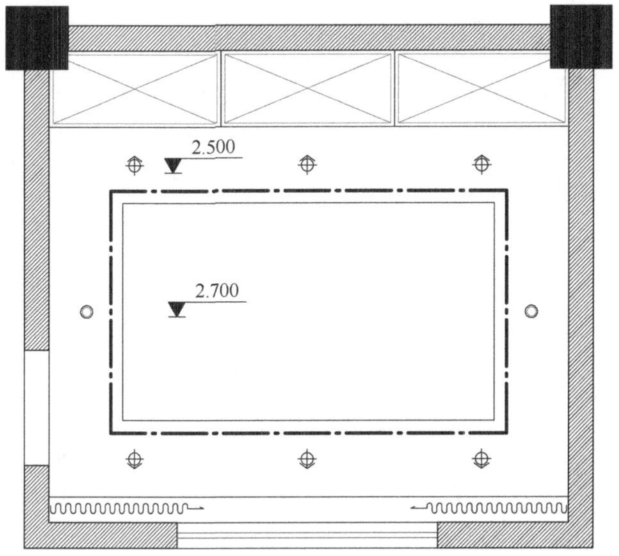

天花布置图

平面布置图

1. 根据原始平面图，在 1~3 号图中绘制剖立面 A 的建筑结构部分，上下图请保持比例一致

2. 本空间地面平铺地毯，吊顶见天花布置图，请在 2、3 号图中继续绘制剖立面 A 的吊顶与地面完成面

3. 扫描平面布置图中的二维码，根据全景图所给的效果，在 3 号图中继续绘制剖立面 A 的墙面设计造型

1号图

2号图

3号图

标题	专项练习——制图：剖立面图步骤分解	姓名		班级		页码	27

要求	剖立面图的画法遵循从建筑到装饰、从框架到细节的顺序；请绘制下面两个厨房空间A面的剖立面图；厨房全景请扫描二维码；绘制完成后请比对自查

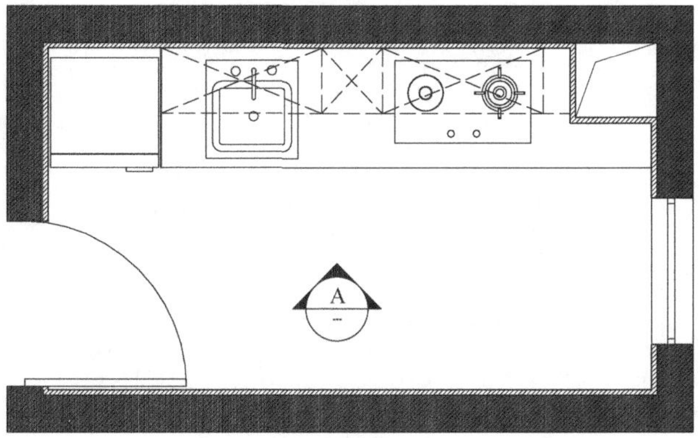

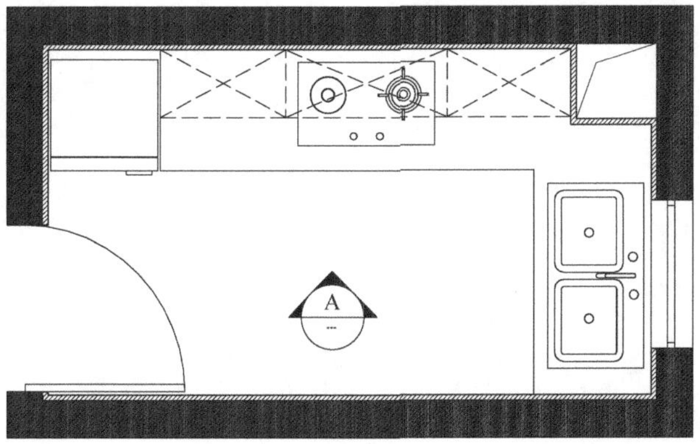

备注：厨房建筑净高2900mm，吊顶距离完成面2400mm；上下图比例一致

备注：厨房建筑净高2900mm，吊顶距离完成面2400mm；上下图比例一致

要求项目			评价点	计分		
				分值	习题1	习题2
建筑	图形	楼板	是否绘制	1		
			楼板间距离是否与净高相符	2		
		梁	是否绘制	1		
			梁位置是否与平面图相符	2		
			梁高度是否与量房数据相符	1		
		墙体	墙位置与厚度是否与平面图相符	2		
			墙体材质是否用填充图案区分	1		
		门窗	被剖切的门窗是否正确表现	1		
			门窗高度是否与量房数据相符	1		
	标注	轴线	是否标注轴线	1		
			是否与平面图轴号相符	1		
		总尺寸	是否标注房间总尺寸	1		
剖切完成面	图形	地面完成面	是否绘制地面完成面	1		
			完成面是否与铺装平面图相符	3		
		天花造型剖面	是否绘制天花完成面	1		
			完成面是否与天花平面图相符	3		
	标注	完成面高度	是否标注完成面高度	2		
			标注符号和高度是否正确	2		
正立面	图形	墙面造型	造型线是否与效果图一致	8		
			踢脚线是否正确表达	3		
			不同材质是否用填充图案区分	5		
		固定家具	固定家具是否绘制	5		
			面板表达是否正确	5		
			尺寸是否合理	2		
		开关插座	开关插座是否表达	2		
			开关高度位置是否合理	2		
		门窗	如果立面有门窗或洞口，是否表达	1		
			开启线是否正确	2		
			尺寸是否正确并与平面吻合	1		
		活动家具	是否与平面图布置相符	2		
			线型是否用虚线表达	3		
		设备与配景	冰箱、抽油烟机等是否表达	3		
	标注	尺寸	是否表达了墙面造型尺寸	2		
			是否表达了固定家具尺寸	2		
			尺寸线是否整齐	2		
		材料	材质标注是否全面、正确	5		
			材质标注是否全面	2		
其他	标注	索引符号	平面图是否能索引到该立面图	1		
			节点大样图索引是否标注	1		
	图纸规范		图名是否标注	2		
			比例是否标注	2		
			图例与名称是否标注	2		
			线型是否规范	3		
			图纸是否整洁干净	3		
			文字书写是否规范	2		
合计				100		

标题	专项练习——制图：剖立面图	姓名		班级		页码	28

要求	1. 将量取建筑的外形及尺寸信息绘制并记录在下方；2. 自查量房信息是否完整；3. 测量结束后将量房图绘制成CAD图，打印成A3底图。注：不具备量房条件时，可利用本书提供的底图进入下一环节

自查记录表
一、量尺寸
1. 整体
每个房间尺寸是否量取？
梁宽与梁高是否量取？
门与窗是否量取？
强弱电箱位置是否表示清楚？
2. 卫生间
马桶排污管距墙尺寸是否量取？
卫生间是否有下沉？下沉高度是多少？
卫生间顶面管道最低点是否量取？
立管边缘尺寸是否量取？
3. 厨房
烟道位置是否表示清楚？
厨房顶面管道最低点是否量取？
天然气管道高度尺寸是否量取？
4. 阳台
立管边缘尺寸是否量取？
地漏位置是否量取？
二、确认
洗衣机区域是否有地漏 / 上水 / 电源？
空调外机位置，空调洞预留位置、高度。是否可以挂空调内机？
三、拍摄
各区域不同角度整体场景
有梁的部分重点拍摄
卫生间地面管道 / 立管
卫生间顶面管道情况
卫生间墙面插座布置情况
厨房顶面 / 地面 / 墙面插座布置情况
各空间插座至少有一张图片带入
生活阳台燃气表 / 燃气管走向
有地漏的地方拍摄与周边距离
窗户形式
四、其他关键补充

标题	综合实训——方案：量房记录单	姓名		班级		页码	29

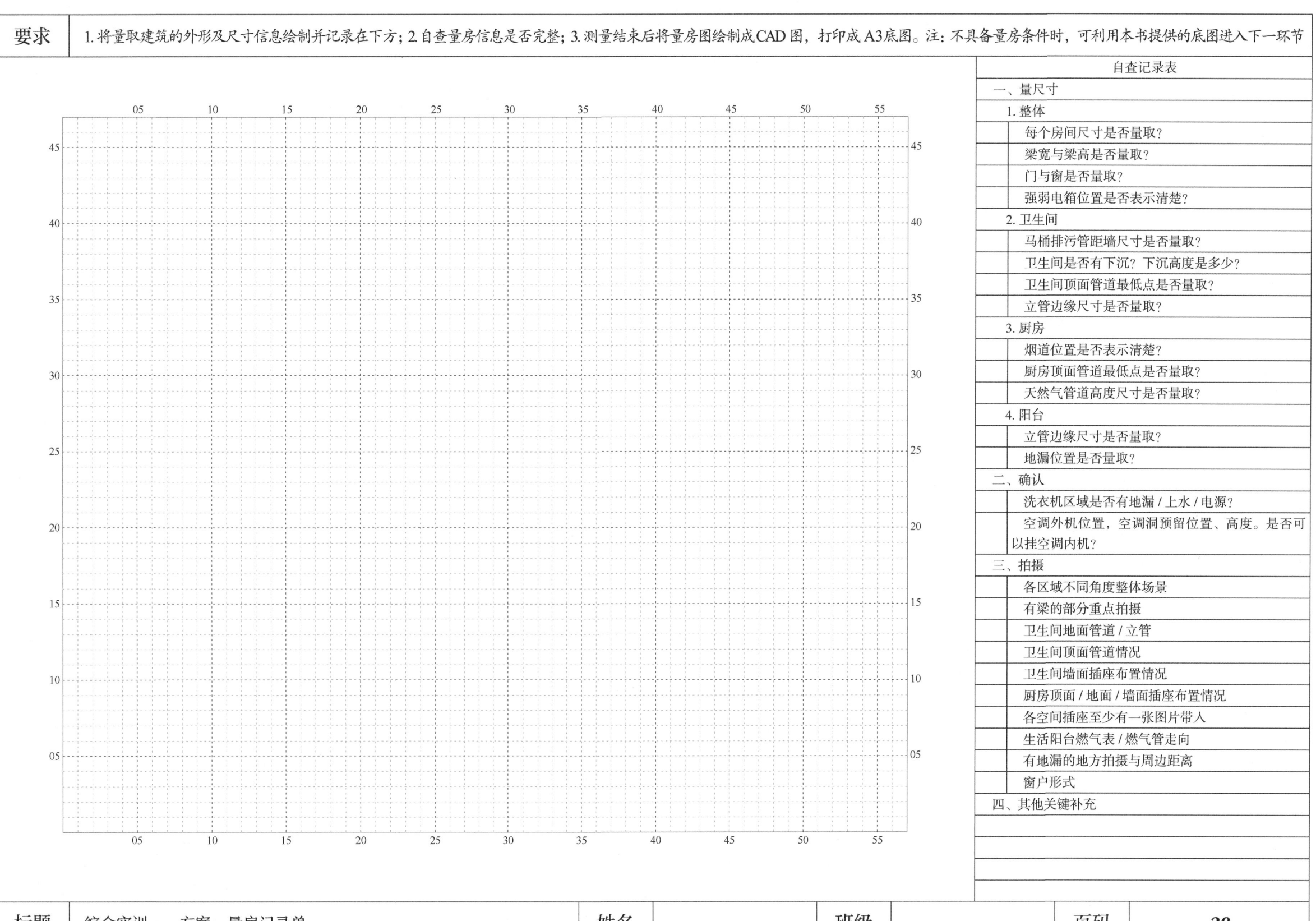

要求	与业主初步沟通并获取相关信息

业主信息	姓名：	小区与房号：
联系方式		交房日期：
需求沟通		
问题	当初购房需求是什么？哪些地方不太满意？哪些地方很满意？	
满意		
不满意		
家庭成员	1. 性别： 年龄： 职业： 爱好： 2. 性别： 年龄： 职业： 爱好： 3. 是否有（要）小孩？性别： 年龄： 爱好： 4. 老人是否常住？常住 / 偶尔 5. 是否喂养宠物？品种： 要求： 6. 其他补充：	
基础功能	1. 玄关 2. 客厅 3. 餐厅 4. 厨房 5. 卫生间 6. 儿童房（书房 + 次卧） 7. 书房 8. 多功能房 9. 老人房 10. 主卧 11. 主卫 12. 衣帽间 13. 其他补充：	
设备与智能	1. 有无考虑中央空调、风管机、新风系统、智能设备、地暖？ 2. 其他补充设备：	
家庭社交需求		
如厕方式		
洗浴方式		
烹饪习惯		
就餐习惯		
工作领域对空间的要求		

兴趣与收集计划	
颜色与材质	有无特别喜欢或者讨厌的颜色和材质？
装修预算	
家具品牌	有无喜欢的家具品牌？
风格偏好	1. 北欧 2. 轻奢 3. 简欧 4. 中式 5. 日式 6. 美式 7. 现代 8. 其他
必要需求 ——不能妥协	例：卫生间一定要有超大储物镜柜
次要需求 ——可适当妥协	例：最好有独立的餐厅，如果没有，可以接受在茶几上用餐
其他需求 ——锦上添花	例：落地窗要放一个懒人沙发，用来发呆、看风景等
预约量房时间	
其他记录	

要求	1. 根据收集整理的信息完成房间需求表；2. 对项目进行分析与构思，并用文字表达；3. 找一套与你设计构思相近的、优秀的、完整的住宅室内设计全景 VR 成品，作为后期设计的参照

房间需求表：

编号	房间	面积	房间位置	采光通风	管道	其他
1						
2						
3						
4						
5						
6						
7						
8						
9						
10						
11						
12						
13						
14						
15						
示例	主卧	>12m^2	4、6（相邻房间编号）	需要	—	私密

其他：

设计分析及构思：

参考图片：（粘贴处）

标题	综合实训——方案：分析定位构思记录	姓名		班级		页码	31

要求	1. 根据房间需求与建筑情况，在下方绘制室内平面布置方案；2. 对照房间需求表，自查需求满足情况；3. 用彩色笔对动线及分区进行分析

标题	综合实训——方案：空间规划草图	姓名		班级		页码	*32*

要求	1. 根据室内平面布置方案，设计室内空间环境；2. 在下方绘制透视图，对起居室或卧室等主要空间进行展示；3. 设计方案传承中华优秀传统文化，做到文化自信自强

标题	综合实训——方案：手绘空间效果图	姓名		班级		页码	*33*

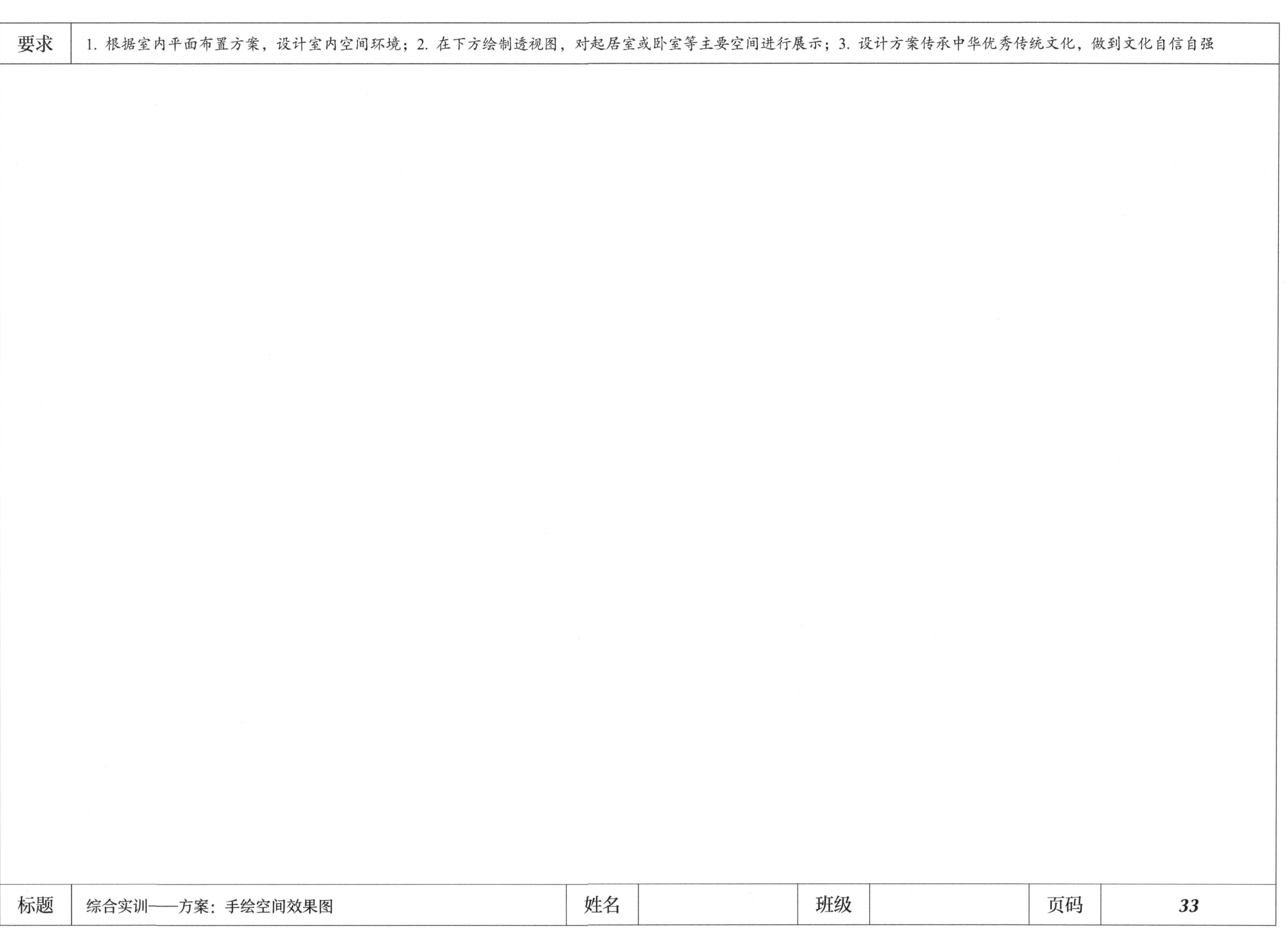

要求	根据量房数据，绘制项目原始结构图。注：如果用本书提供的户型底图，可直接修改底图当作原始结构图

标题	综合实训——图纸：原始结构图	姓名		班级		页码	***34***

要求	按照搜集的业主及建筑信息，设计并布置项目室内空间，并完成平面布置图

标题	综合实训——图纸：平面布置图	姓名		班级		页码	*35*

要求	根据搜集的业主及建筑信息，设计并布置项目室内空间，并完成平面布置图

标题	综合实训——图纸：平面布置图	姓名		班级		页码	35

要求	结合原始图量房信息和平面布置图对空间的优化与改造情况，完成墙体定位图，标明拆除墙体和新建墙体（包括尺寸、厚度、材质等）

标题	综合实训——图纸：墙体定位图	姓名		班级		页码	36

要求	结合原始图量房信息和平面布置图对空间的优化与改造情况，完成墙体定位图，标明拆除墙体和新建墙体（包括尺寸，厚度，材质等）

标题	综合实训——图纸：墙体定位图	姓名		班级		页码	36

要求	设计项目室内空间的顶面，并完成天花布置图，要求表达天花造型、材料以及灯具与天棚设备点位等信息

图例	名称
	装饰吊灯
	吸顶灯
	嵌入式射灯
	嵌入式筒灯
	壁灯
	暗藏灯带
	浴霸

标题	综合实训——图纸：天花布置图	姓名		班级		页码	37

要求	设计项目室内空间的地面，并完成地面铺装图，要求表达地面造型、材料等信息

标题	综合实训——图纸：地面铺装图	姓名		班级		页码	38

要求	根据项目平面布置图与天花布置图情况，完成开关连线图，要求表达清晰、使用方便

图例	名称
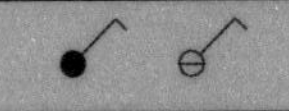	单极单控开关（普通，防水）
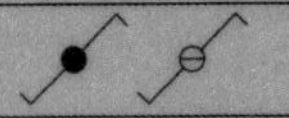	单极双控开关（普通，防水）
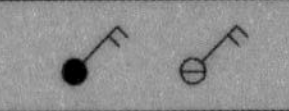	双极单控开关（普通，防水）
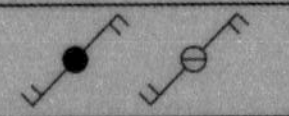	双极双控开关（普通，防水）
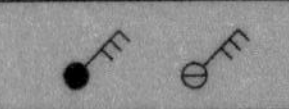	三极单控开关（普通，防水）
	三极双控开关（普通，防水）

标题	综合实训——图纸：开关连线图	姓名		班级		页码	39

要求	根据项目平面布置图与天花布置图情况，完成开关连线图，要求表达清晰，使用方便

图例	名称
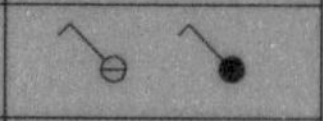	单极单控开关（普通，防水）
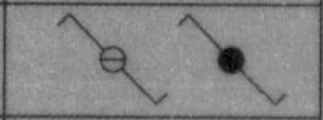	单极双控开关（普通，防水）
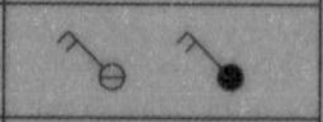	双极单控开关（普通，防水）
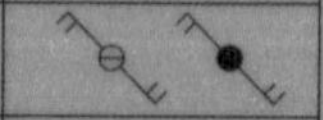	双极双控开关（普通，防水）
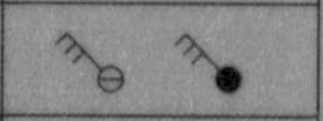	三极单控开关（普通，防水）
	三极双控开关（普通，防水）

标题	综合实训——图纸：开关连线图	姓名		班级		页码	39

要求	根据项目平面布置图情况，完成插座布置图，要求表达清晰、使用方便

图例	名称
	强电箱
	信息配线箱
	单相二极和三极组合插座（普通，防水）
	带开关单相二极和三极组合插座（普通，防水）
	单相二极和三极组合地面插座
(TP)	墙身电话插座
(D)	墙身数据插座
(TV)	有线电视信号插座
	可视对讲室内机
T	空调控温开关

标题	综合实训——图纸：插座布置图	姓名		班级		页码	40

要求	根据项目平面布置图情况，完成插座布置图，要求表达清晰，使用方便

图例	名称
	强电箱
	信息配线箱
	单相二极和三极组合插座（普通，防水）
	带开关单相二极和三极组合插座（普通，防水）
	单相二极和三极组合地面插座
TP	墙身电话插座
D	墙身数据插座
TV	有线电视信号插座
	可视对讲室内机
T	空调控制开关

标题	综合实训——图纸：插座布置图	姓名		班级		页码	40

要求	根据项目平面布置图情况，完成给水排水定位图，要求表达清晰、使用方便

图例	名称
—○C	冷水上水
—●H	热水上水
◎	下水
▣	地漏
———	冷水管
—·—	热水管
[:]	热水器

标题	综合实训——图纸：给水排水定位图	姓名		班级		页码	41

要求	1. 设计起居室墙面，并完成 2~4 个起居室立面图的绘制，表达墙面及固定家居等要素的造型尺寸、材质等信息；2. 在平面布置图上标明索引符号

标题	综合实训——图纸：起居室立面图	姓名		班级		页码	***42***

要求	1. 设计卧室墙面，并完成 2~4 个卧室立面图的绘制，表达墙面及固定家居等要素的造型尺寸、材质等信息；2. 在平面布置图上标明索引符号

标题	综合实训——图纸：卧室立面图	姓名		班级		页码	43

要求	当不具备现场量房条件时，此底图可作为“综合实训”项目的设计对象

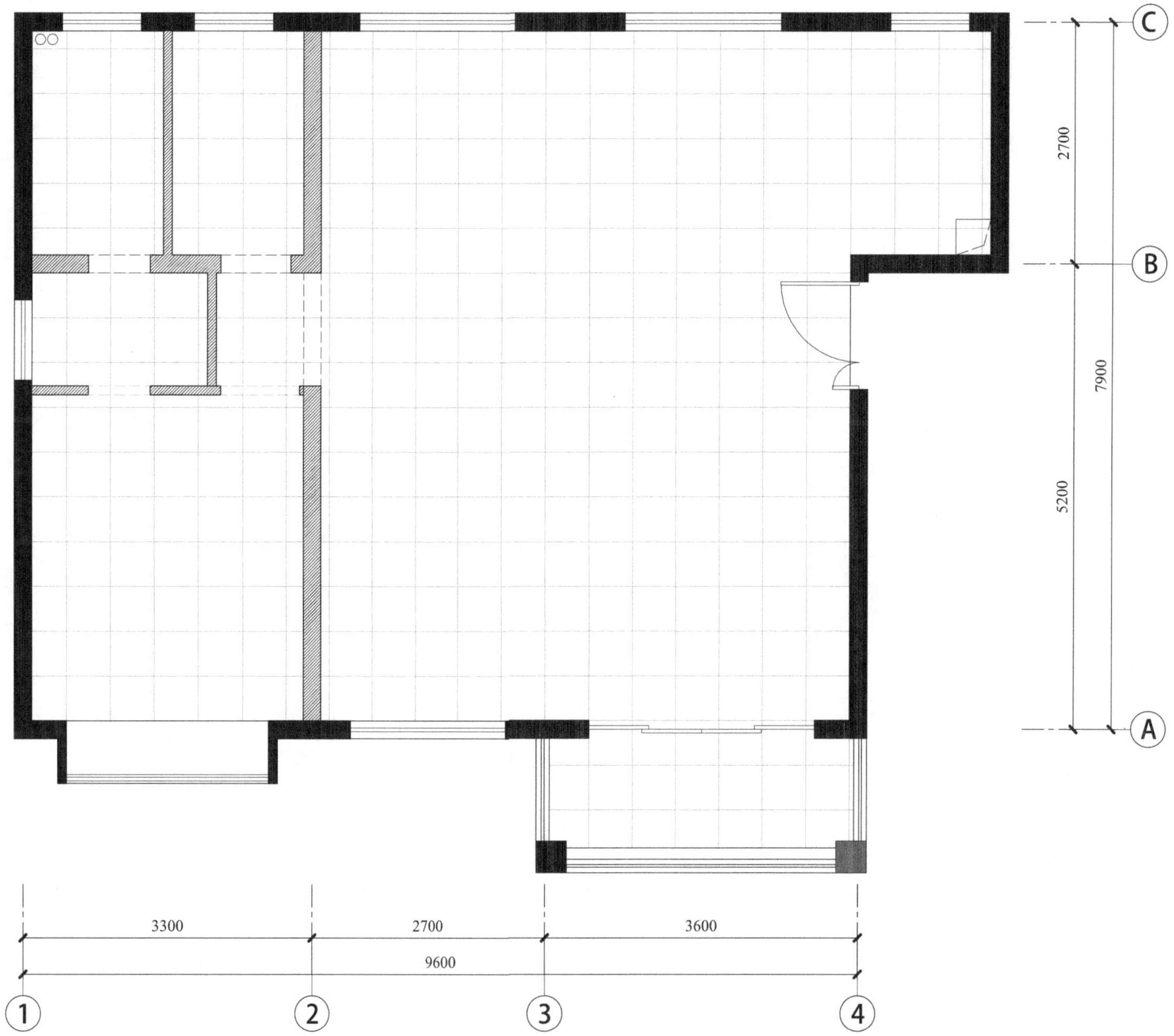

标题	综合实训——底图 01	姓名		班级		页码	44

要求	当不具备现场量房条件时，此底图可作为“综合实训”项目的设计对象；更多底图可扫描二维码获取

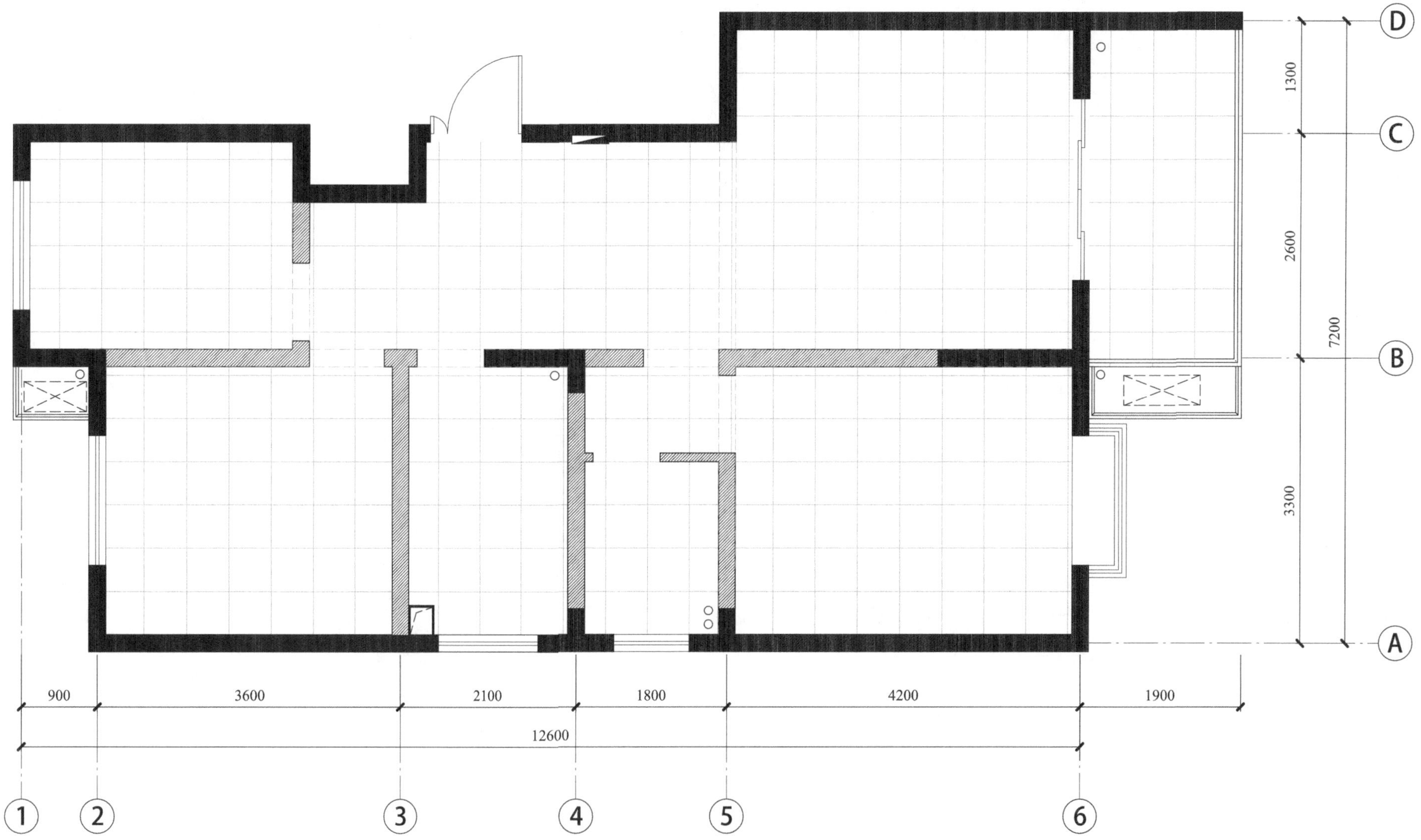

标题	综合实训——底图 02	姓名		班级		页码	45